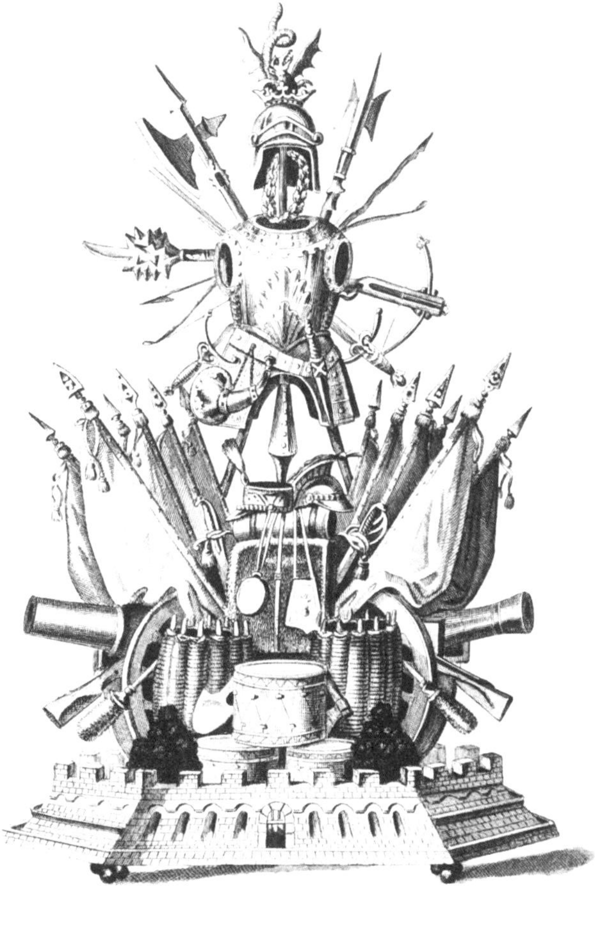

CHRISTIAN VOLBRACHT

... DIE TRÜFFEL
FAKE & FACTS

TRETORRI

INHALT

DER TRÜFFELSUCHER,
STICH NACH ALEXANDRE-GABRIEL DECAMPS (CA. 1830-1860)

GRIMOD DE LA REYNIÈRE (1804):
BIBLIOTHEK DES FEINSCHMECKERS

EINLEITUNG: DER SCHLEIER WIRD GELÜFTET

Die Geschichte der Trüffeln ist seit 4000 Jahren von Mythen und Legenden geprägt. Die köstlichen Knollen waren schon im alten Babylon begehrt, sie galten als die Frucht von Blitz und Donner, als Speise der Pharaonen, als das Manna der Bibel und als Aphrodisiakum. Viele dieser alten Geschichten sind heute widerlegt. Die Wissenschaft lüftet den Schleier der Geheimnisse um die Trüffeln und versucht, die letzten Rätsel ihrer Entstehung zu lösen. Und findige spanische Trüffelanbauer haben mit neuen Kulturtechniken die Ertragskrise der Périgord-Trüffel beendet.

Auch heute noch lebt das Image der Trüffeln von wahren und unwahren Geschichten. Sie werden in diesem Buch erzählt. Ich schildere die Fortschritte der Wissenschaft und der Trüffelzüchter in Spanien und beleuchte die anhaltende Trüffel-Krise in Frankreich. Ich betrachte die wachsende Trüffelbegeisterung in Deutschland. Und ich berichte über Lug und Trug und Trüffel-Kriminalität, über die anhaltende Irreführung der Verbraucher durch synthetische Aroma-Stoffe – aber auch über erste Erfolge bei der Herstellung von wirklich natürlichem Trüffelaroma.

Wer die Literatur und das Internet zum Thema Trüffeln durchforscht, findet immer wieder die gleichen Legenden, Fehlinterpretationen und die vielen voneinander abgeschriebenen Irrtümer. Die Geschichte der Trüffeln ist auch eine Story von Betrug und Verbrechen. Seit jeher werden die teuren Delikatessen gefälscht, geschmuggelt und gestohlen. Manch ein Trüffelbauer wurde gar ermordet. Hunderte von Hunden sind im Konkurrenzkampf der Trüffelsucher in Italien vergiftet worden.

Ich habe mich nicht damit begnügt, wie Alexandre Dumas die himmlische Speise zu genießen und Gott zu loben. Meine Suche nach gesicherten Fakten führte mich nach Frankreich und Spanien, nach Italien und auch nach Kroatien, zu Trüffelsuchern, Züchtern, Händlern, Historikern und Forschern. Ich machte lange Ausflüge in die eigene Pilzbuch-Bibliothek, stöberte in alten Kräuterbüchern, den frühen Schriften über Trüffeln, in Kochbüchern und Lexika und las aktuelle Forschungsberichte. Und ich lernte auch die kleine, enthusiastische Trüffelszene in Deutschland kennen. Seit der Wiederentdeckung der

Sommertrüffeln an der Ahr im Jahr 2002 hat sich Goldgräberstimmung breitgemacht. Viele glauben den oft überhöhten Erfolgsversprechen der Verkäufer von Trüffel-Bäumchen.

Kulinarisch werden wir die vielfältigen Rezepte des Kochs der Päpste aus dem 17. Jahrhundert entdecken. Wir werden der Gier gewahr, mit der sich die Franzosen zu Beginn des 19. Jahrhunderts auf die Trüffeln stürzen, als in Paris die Gastronomie begründet wird. Wir werden erfahren, wie man in den Phasen des Überflusses mit Trüffel-Pfunden wucherte, während heute Trüffeln nur noch grammweise verwendet werden.

„Sie haben die Wissenschaftler gefragt, was das für eine Knolle sei, und nach 2000 Jahren Diskussion haben die Wissenschaftler geantwortet wie am ersten Tag: ‚Wir wissen es nicht.' Sie haben die Trüffel selbst befragt, und die Trüffel hat geantwortet: ‚Esst mich und lobet Gott!'" So hat der Romancier und Lebemann Alexandre Dumas die Trüffeln besungen. Für ihn sind sie das „sacrum sacrorum des gastronomes", das Allerheiligste der Feinschmecker.[1]

Mehr als 150 Jahre danach kennen Forscher die „Mykorrhiza", die Symbiose zwischen der Trüffel und den Wurzeln der Bäume. Sie haben die DNA der Trüffel entschlüsselt und ihre Sexualität geklärt. Aber sie wissen immer noch nicht genau, wie die Entwicklung der Fruchtkörper im Boden beginnt. Zu Dumas' Zeiten war das nicht wichtig. Es gab in Frankreich Trüffeln im Überfluss. Mehr als 1000 Tonnen pro Jahr wurden vermarktet, zehnmal so viel wie heutzutage in ganz Europa. Erst nach dem Ersten Weltkrieg ging es bergab mit der Trüffelernte. Viele Bauern kamen nicht aus dem Krieg zurück, die Wälder wurden vernachlässigt oder abgeholzt. Heute kommt der Klimawandel dazu. Das Trüffelparadox der Franzosen lautet seit vielen Jahren: Je mehr wir über Trüffeln wissen und je mehr Trüffel-Bäumchen wir pflanzen, desto weniger Ertrag haben wir. Schaut man nach Spanien, sieht man ein Zusatz-Paradox: Dort werden nun Rekordmengen geerntet, man fürchtete gar Überproduktion, als 2020, zu Beginn der Corona-Krise, die Verkäufe an Feinschmecker-Restaurants einbrachen.

Mit verfeinerten Kulturmethoden und einer gezielten Bewässerung hat Spanien den Nachbarn Frankreich als größten Trüffel-Produzenten überholt. Ungeniert besorgen sich die Franzosen schwarze Edeltrüffeln aus dem Nachbarland und verkaufen sie als „Périgord"-Trüffeln. Ähnlich heimlich gelangen viele weiße Edeltrüffeln aus Kroatien nach Italien, um dort teurer als „Alba"-Trüffeln angeboten zu werden.

Die ältesten Belege über Trüffeln als Delikatesse stammen von den Sumerern aus Babylon. Die frühesten Mutmaßungen über die Entstehung der rätselhaften Knollen stellten die Griechen an, die auch den Ruf der Trüffeln als ein die Lust förderndes Aphrodisiakum begründeten. Die ersten Kochrezepte sind von den Römern überliefert. Sie kannten aber ebenso wie Sumerer und Griechen nur Terfezien, die faden Wüstentrüffeln aus Vorderasien und Nordafrika. Erst mit der Renaissance beginnt der Siegeszug der weißen und schwarzen Edeltrüffeln in Europa und damit die kulinarische Konkurrenz zwischen Frankreich und Italien: Auf der französischen Seite etabliert sich die schwarze Périgord-Trüffel *Tuber melanosporum*, der „Diamant der Küche" des Gastrosophen Jean Anthèlme Brillat-Savarin, auf der italienischen Seite strahlt die weiße Piemont- oder Alba-Trüffel *Tuber magnatum*, die Trüffel der Mächtigen.

Schon im 18. und 19. Jahrhundert grassiert in Europa Trüffelverrücktheit, die Trüffelmania. Fürstenhöfe beschenken einander mit Trüffeln. 1712 werden die ersten Suchhunde aus Italien nach Deutschland gebracht, wo man die weniger schmackhaften Sommer- oder Burgundertrüffeln (*Tuber aestivum/ uncinatum*) findet. Deutschland schwingt sich später kurzfristig gar zum Trüffel-Exporteur auf, obwohl die maximale Ausbeute nur ein Tausendstel der Erträge in Frankreich erreicht. Seit 1986 – und nicht schon seit der Zeit des Nazi-Regimes – stehen die Trüffeln bei uns als einzigem Land in Europa unter Naturschutz.

Der Ruf der Alba- und der Périgord-Trüffeln als Inbegriff des kulinarischen Luxus wird seit jeher dazu genutzt, auch das Image anderer echter und auch unechter Trüffeln aufzuwerten. Der Wirrwarr um die Benennung der Arten hält an. Selbst Fachleute der Gastronomie kennen die Unterschiede zwischen Edeltrüffeln und anderen Speisetrüffeln oft nicht – oder verschweigen sie gern. Künstliche, penetrant starke Aromastoffe werden nicht oder falsch deklariert. Viele Verbraucher kennen den eigentlichen Trüffelduft gar nicht, nur das synthetisch erzeugte Aroma. Sie lassen sich von den schönen Trüffelgeschichten ablenken. Denn wir bewerten besondere Nahrungsmittel wie Wein oder auch Trüffeln nicht nur nach objektiven geschmacklichen Kriterien, sondern nach ideellen Werten und ihrem Image, also nach ihrer symbolischen Qualität.[2] Was wir essen oder zu essen glauben, peppt auch unser eigenes Image auf.

Und die Liebe? „Wer Trüffel sagt, spricht ein großes Wort aus, das beim Geschlecht in Röcken erotische und schlemmerhafte Erinnerungen weckt und beim Geschlecht mit Bärten schlemmerhafte und erotische Erinnerungen", schrieb der Gastrosoph Brillat-Savarin 1825. In seiner „Physiologie des Geschmacks" erörtert er galant die Frage, ob die Trüffel wirklich ein Potenzmittel sei, ob sie „eine Kraft erhöht, deren Ausübung mit den süßesten Freuden verbunden ist". Er hat Frauen und Männer befragt, um schließlich die Entscheidung eines Männer-Rates zu verkünden: „Die Trüffel ist keineswegs ein wirksames Aphrodisiakum, aber sie kann in gewissen Situationen die Frauen nachgiebiger und die Männer liebenswürdiger machen."

„PÉRIGORD“-TRÜFFELN: VON SPANIEN NACH FRANKREICH

Kulturell gilt Frankreich immer noch als das Trüffel-Land par excellence. Wer aber sehen will, wo die meisten „Périgord“-Edeltrüffeln ausgegraben werden, der muss nach Spanien reisen. Am Südrand der Pyrenäen treffe ich Victor Vellve Alvarez, der vor mehr als 20 Jahren als Erster kommerzielle Trüffelkulturen in Katalonien anlegte. Heute bewirtschaftet Victor, wie er sich unkompliziert vorstellt, rund 100 Hektar eigene und gepachtete Trüffelkulturen. Zudem ist er einer der größten Trüffelhändler Spaniens und liefert in jedem Jahr viele Tausend Kilo nach Frankreich.

Vom kleinen Ort Vilanova de Meià nördlich von Lleida geht es im Geländewagen über eine steinige Route von 600 auf 1300 Meter bis zur Hochebene Montsec de Rubies. Der Wagen klettert schaukelnd an felsigen Abgründen und steilen Felsvorsprüngen vorbei. Oben wurden früher einmal Kartoffeln angebaut. Heute reiht sich Trüffelfeld an Trüffelfeld, die meisten sind mit immergrünen Steineichen bepflanzt. Sie sind schon in der Baumschule mit Trüffelsporen infiziert worden, um die symbiotische Verbindung der Baumwurzeln mit dem Pilzgewebe zu erzeugen, die sogenannte Mykorrhiza. Im Süden reicht der Blick über dicht bewaldete Hänge bis weit in die Ebene, im Norden wird das Terrain von den gewaltigen Felsmassiven der Vor-Pyrenäen begrenzt. Neben gerade angewachsenen Setzlingen stehen übermannshohe, 15-jährige Eichen in Reihe, am Boden sind deutlich Brûlées zu sehen, die kreisförmigen, kaum bewachsenen Stellen, die eine gut gedeihende Mykorrhiza anzeigen.

Victor hat zwei Mitarbeiter mitgebracht und natürlich Lucky und Lucas, zwei seiner zehn Mischlings-Hunde. Kaum ist der Wildschwein-Schutzzaun aus grobem Montagegitter geöffnet, beginnen die Hunde an Trüffelstellen zu schnüffeln. Wenn sie kratzen und den Boden mit den Vorderpfoten aufwühlen, eilt einer der Männer herbei, kniet sich unter den Baum und gräbt und buddelt selbst mit einem spitzen Trüffeldolch und den Händen in Lederhandschuhen weiter. Victor hat eine gute Parzelle ausgesucht. Binnen einer halben Stunde finden sich fast zwei Kilo reife Trüffeln. Die Hunde werden mit kleinen Leckerlis belohnt. „Stückchen von Frankfurter Würstchen“, sagt Victor.

Kein Hund beißt eine Trüffel an, manchmal aber kommen die vierbeinigen Helfer zurück, um den Menschen beim Suchen zu unterstützen. „Die arbeiten hervorragend", sagt Victor, „das sind gut funktionierende Maschinen." Meist finden sich zwei bis vier Trüffeln nebeneinander, manche nur zwei Zentimeter dick, andere faustgroß, die meisten schön rund. „Perfekte Trüffeln", sagt Victor. Die Knollen sind erstaunlich sauber, nicht mit steiniger Lehmerde, sondern nur mit lockeren Resten schwarzer Erde umhüllt. Sie wachsen in sogenannten Trüffelnestern oder Trüffelfallen. Das sind rund 40 Zentimeter tiefe Löcher dicht neben den Bäumchen, die mit Blumenerde und Trüffelstückchen gefüllt worden sind, um die Entwicklung neuer Trüffeln zu fördern. Auch nach der Ernte kommen wieder getrocknete Trüffelstückchen in die Löcher. Zwei, drei Drehungen aus gebrauchten Mühlen für grobes Salz genügen.

Am nächsten Tag werde ich den Trüffelhändler Roque Sanchez aus Valencia treffen, der eine Spezialmaschine zum Anlegen der Trüffellöcher ent-

**GOUFFÉ, LE LIVRE DE CUISINE 1867:
POULARDE NACH ART VON GODARD**

wickelt hat. Es ist ein kleiner Raupenbagger, an dessen Greifarm eine spezielle Grabschaufel, ein Trichter mit Gärtner-Erde und ein Behälter für Wasser mit klein gemahlenen Trüffelstückchen befestigt sind. Die Schaufeln kratzen ein Loch in den Boden, dann wird Erde eingefüllt. Danach fließt das Wasser mit dem Trüffelgranulat hinzu und wird mit der Erde verquirlt, bevor der steinige Mutterboden wieder über das Loch geschoben wird.[3] „Das ersetzt vier bis fünf Arbeitskräfte", sagt Victor. Er hat eine der ersten Maschinen bestellt, um seine rund 25 000 Trüffel-Bäumchen zu bearbeiten. Die meisten Plantagen werden einmal pro Jahr besucht, um Trüffelnester zu graben. Auch die Trüffel-Bäumchen züchtet Victor mittlerweile aus Eicheln selbst.

Victor hat an der Universität von Lleida Forstwissenschaft studiert und im Jahr 2001 als Studienarbeit eine Trüffelkultur angelegt. Das faszinierte ihn so sehr, dass er die Studien-Truffiere später pachtete und mit seinem Vater zusammen weitere Flächen kaufte. Der Vater gab dafür sein Restaurant in Tarragona auf. So gehören die beiden zu den Trüffelpionieren von Katalonien.

DIE WIEDERENTDECKUNG DER SPANISCHEN TRÜFFELN

Trüffeln haben in Katalonien und im übrigen Spanien über Jahrhunderte eine nur unbedeutende Rolle gespielt. Die moderne Trüffelgeschichte des Landes beginnt erst nach dem Zweiten Weltkrieg. Als erste tauchen in den 1950er Jahren französische Trüffelsucher im nördlichen Katalonien auf, berichtet der spanische Trüffelforscher Santiago Reyna Domenech.[4] Die Einheimischen beobachten, wie die fremden Jäger aus dem Nachbarland mit Hund und ohne Gewehre in den Wald gehen und mit stark riechenden schwarzen Knollen zurückkommen. In den Quartieren stehen Säcke, aber die Franzosen verraten nicht, was sie tun. Und so werden sie von den Einheimischen verfolgt, die dann auch selbst Trüffeln finden.

Das Wissen um die Trüffelsuche breitet sich nach und nach aus. In Teruel nördlich von Valencia erinnert man sich, dass die eigenartigen schwarzen „Kartoffeln" schon beim Anlegen von Schützengräben während des Spanischen Bürgerkrieges gefunden wurden. Die erste Trüffelkultur des Landes wird 1968 angelegt, bald darauf entsteht die 600 Hektar große Trüffelbaum-Anpflanzung der Firma Arotz bei Soria in der Region Kastilien und León. In den 1970er Jahren sind dann viele Trüffelgebiete im ganzen Land bekannt, und das Wissen um neue Kulturmethoden mit den präparierten Trüffel-Bäumchen verbreitet sich.

In den 1980er Jahren gehen die Trüffelfunde zurück, und man beginnt, mit staatlichen Hilfen große Plantagen im Gebiet von Teruel anzulegen. Die

Regionalregierung von Aragon unterstützt die neuen Kulturen, um der verarmten Region mit ihren kargen Böden eine neue Perspektive zu verschaffen. Auf die Anpflanzungen bei Sarrión (Provinz Teruel) und in der Region Valencia bei den Dörfern Barracas und El Toro (Provinz Castellón) folgen weiter im Norden die von Victor Vellve und anderer Anbauer in Katalonien.

Heute sind die Erträge pro Hektar in Spanien deutlich höher als in den anderen Ländern Europas. Dabei steht der rasante Aufbau der Kulturflächen in keinem Verhältnis zur Rolle der Trüffeln in der spanischen Küche. Als Trüffeln in Frankreich und Italien schon längst als Delikatessen begehrt waren, wurden sie in Spanien noch fast vollständig ignoriert. Trüffelforscher Reyna sieht dafür historische Gründe. Der berühmte spanische Mediziner Andrés de Laguna hatte 1666 streng vor angeblichen gesundheitlichen Schäden durch die Erdknollen gewarnt. „Dieses trostlose pathologische Panorama von Dr. Laguna trug wahrscheinlich dazu bei, dass sich in Spanien nie eine gastronomische Kultur um diesen wertvollen Pilz entwickelte, da sein Buch ein Meilenstein der spanischen Arzneilehre war", meint Reyna.

Durch die zunehmende Trockenheit gibt es inzwischen auch in Spanien kaum noch wilde Trüffelvorkommen. Victor zeigt auf einen dicht bewaldeten Berghang. „Dort habe ich mit meinem Vater früher 300 oder 400 Kilogramm pro Jahr gefunden, jetzt lohnt sich die Suche nicht mehr." Über den Felswänden am Pyrenäenrand kreisen Gänsegeier, ein toter Raubvogel liegt in einem der großen, von Victor angelegten Wasserbecken. „Ohne Bewässerung funktioniert hier nichts mehr", sagt er. Beim Mittagessen im einfachen Dorfrestaurant Racò del Montsec in Vilanova de Meià ist seine Schwester Nuria zu Besuch. Sie will in der Heimat der Familie auf der Hochebene Priorat Trüffelbäume pflanzen, doch ihr Bruder ist skeptisch. Er ist ohnehin vorsichtig, beurteilt die Zukunft abwartend. Er hat viel investiert, ein Hektar Trüffelkultur kostet mit Bäumen, Bewässerungssystem und Umzäunung um die 10 000 Euro. Victor fragt sich, was mit den Preisen geschieht, wenn Hunderttausende von neu gepflanzten Trüffelbäumen in Spanien ergiebige Ernten bringen. Heute hat er fünf Mitarbeiter, seine Trüffeln gehen zu 90 Prozent nach Frankreich. Er beliefert zudem Deutschlands größten Trüffelhändler Ralf Bos.

Auch der Trüffelforscher Prof. Reyna sieht skeptisch in die Zukunft. „Ich glaube, dass der Sektor aufhören sollte zu subventionieren, es gibt eine Überproduktion", schreibt er mir. In Spanien gebe es zu wenig Nachfrage, da Trüffeln nicht zur traditionellen spanischen Küche gehören und eine kulturelle Neuheit darstellen. Preissenkungen seien keine Lösung, Trüffeln müssten auch in populären Restaurants angeboten werden. Außerdem verweist Reyna auf eine Trüffelplage, den schädlichen Trüffelkäfer *Leiodes cinnamomea,* der viele Kulturen um Teruel befällt.

TRÜFFELN IM HALBDUNKEL – DER GRÖSSTE TRÜFFELMARKT DER WELT

Fast jedes Wochenende fährt Victor Vellve in der Trüffelsaison mehr als 400 Kilometer weit in den Süden zum Einkauf auf dem Trüffelmarkt von Teruel in Mora de Rubielos, wo ich vor Jahren schon einmal mit dem französischen Trüffelhändler Pierre-Jean Pébeyre aus Cahors war. Die weite, winterlich kahle Hochebene der Trüffelprovinz Teruel mit ihrem rotbraun geschichteten, steinigen Untergrund wird von einer freundlichen Wintersonne beschienen. Große Schafherden ziehen vorbei. Vor einer Woche brachte ein Kälteeinbruch 25 Zentimeter Neuschnee. Auf dem Trüffelmarkt gab es nur wenig Ware. Jetzt sind an der Strecke nur noch vereinzelte Schneeflecken zu sehen, lediglich die Höhen des Skigebietes von Gúdar-Javalambre zeigen ihre weißen Hänge. 17 Grad, von Afrika her nähert sich eine Hitzewelle. An diesem Samstag wird es deshalb umso mehr Trüffel geben. Für die Trüffelhändler ist es ein schwieriges Wochenende und der Beginn einer schwierigen Zeit. Denn schon Anfang Februar 2020 macht das in China ausgebrochene Corona-Virus die weltweite Abhängigkeit des Trüffelhandels bemerkbar – Luxusrestaurants in Hongkong, Macao und auch Singapur sind schlecht besucht oder geschlossen und ordern weniger Trüffeln.

Vor dem Besuch des Trüffelmarktes fahren wir noch bei einem Trüffelanbauer vorbei, der mehrere Säcke mit Trüffeln vorbereitet hat. Er bewirtschaftet ganz allein 60 Hektar Trüffelplantagen und zeigt seine rechte Hand, die vom Ausgraben der Trüffeln viel kräftiger ist als die linke. Er will mehr verkaufen, als Victor brauchen kann. Vor dem abendlichen Trüffelmarkt folgt eine Trüffelsuche auf den Plantagen der Familie Pérez, der auch das Hotel La Trufa Negra in Mora gehört. Auf der Truffiere sind Insektenfallen zur Bekämpfung der Trüffelkäfer angebracht. Die etwa vier Millimeter großen Schädlinge aus der Familie der Schwammkugelkäfer leben wie die Trüffeln unterirdisch. Die dicken Larven fressen sich durch die Trüffeln, und die erwachsenen Tiere bohren sich mit dornigen Grabbeinen in die Knollen. Später siedeln sich an den verletzten Stellen Kleinpilze und die Maden von Trüffelfliegen an und zerstören den Fruchtkörper völlig. Die Verluste sind erheblich: Verringerung des Marktwertes durch die Löcher in der Trüffel, Geruchs- und Geschmackseinbußen, weil die Insekten giftige Stoffe im Speichel produzieren und schließlich ein völliger Ertragsausfall.[5] Dass die Käfer und Fliegen auch für die natürliche Verbreitung der Sporen der Trüffeln sorgen, ist nur ein schwacher Trost.

Der Trüffelmarkt am Hotel Peiro nahe der Bahnstation beginnt immer erst nach Sonnenuntergang – eine alte Tradition aus der Zeit, als der Handel noch ganz geheim ablief. „Vor einigen Jahren ging man noch mit einem Rucksack voller Bargeld zum Markt", sagt Victor. Heute sei das anders, so gut wie alle Geschäfte laufen nach seinen Worten legal ab, mit schriftlichen Bestätigungen und der Zahlung über Bankkonten. Unter dem wolkenlosen Sternenhimmel mit einer schmalen Mondsichel haben sich die Trüffelhändler zum schweigsamen Stehkonvent versammelt. Hier wird mit großen Mengen Trüffeln gehandelt, weit mehr als auf dem größten französischen Markt von Richerenches im Rhônetal oder den anderen pittoresken kleinen Trüffelmärkten in Frankreich, wo einfache Trüffelsucher ihre bescheidene Ernte in Körben und Plastiktüten anbieten. In Teruel stehen etwa 70 Autos kreuz und quer unter ein paar Pinien auf einem langgestreckten Parkplatz und vor den Garagen des Hotels. Nebenan ist der Bahnhof der Ortschaft hell erleuchtet, während sich der Trüffelhandel rätselvoll im Halbdunkel abspielt. Ab und zu öffnet sich die Heckklappe eines Kleintransporters, man sieht weiße Säcke, prall gefüllt mit Trüffeln, es wird flüsternd verhandelt und verkauft, die Säcke wandern in ein anderes Auto, man unterschreibt Lieferpapiere.

Victor fährt mit einem seiner Transporter hinter das Hotel, diskret wird die Ware geprüft, gewogen und bewertet. Er will sich mit seinem Mitarbeiter Manolo noch in der Nacht auf die Heimfahrt machen. Nach vier Stunden Autofahrt werden die Trüffeln dann bis in die frühen Morgenstunden gewaschen und sortiert, bevor die Ware weitere 600 Kilometer weit nach Frankreich gebracht wird. „Da hat man manchmal nur drei Stunden Schlaf", sagt Victor. Er beliefert den größten Trüffelhändler Frankreichs. Er sagt den Namen nicht, doch ich komme nächste Woche ohnehin bei der Trüffelfirma Plantin im Département Drôme vorbei.

300 bis 400 Euro dürfte das Kilogramm frischer, noch ungereinigter Trüffeln heute kosten, verrät ein Händler. „Die endgültigen Preise wissen wir erst nach dem Ende des Marktes", sagt Victor. Er hat schon vor Marktbeginn mehrere hundert Kilogramm gekauft und in den Lieferwagen verstaut. Viele Geschäfte wickeln die Händler direkt bei den Produzenten ab. Auf dem Markt werden an diesem Tag wohl vier bis fünf Tonnen frische Trüffel angeboten. Insgesamt ist das Handelsvolumen noch größer, es erscheint fast zu groß, auf jeden Fall rekordverdächtig.

CORONA UND DIE ANGST VOR ÜBERPRODUKTION

Wenige Wochen später kommt die offizielle Bestätigung. Julio Perales, Präsident der Gesellschaft der Trüffelanbauer von Teruel, verkündet als Gesamternte der Region mehr als 100 Tonnen Trüffeln.[6] Dazu kämen etwa 12 Tonnen in den anderen spanischen Gebieten, wo weniger Trüffelkulturen bewässert werden. Ingesamt 112 Tonnen – inoffiziell wird nach Angaben des Trüffel-Experten der französischen Trüffelbauervereinigung FFT sogar von 150 bis 200 Tonnen gesprochen.

In Teruel zeigt sich Perales erfreut, aber auch besorgt. Die Preise sind in den letzten Wochen der stets bis Mitte März laufenden Saison eingebrochen. Schon 2018 hatten sie sich im Vergleich zu 2017 auf 250 bis 450 Euro pro Kilogramm halbiert, weil die Qualität der Trüffeln unter Regen litt und die Mengen in Frankreich und Italien relativ groß waren. Erstmals haben die spanischen Produzenten aber in der Saison 2019/2020 nicht alle Trüffeln absetzen können. Der Grund liegt nur teilweise in der Corona-Krise, die den Verkauf nach Asien und in die USA vorübergehend gestoppt und auch die Lieferungen nach Frankreich eingeschränkt hat.

Es droht Überproduktion. Bisher sei der Trüffelsektor „komfortabel" gewesen, sagt Perales, weil alles, was gesammelt wurde, auch verkauft werden konnte. Nun müssten die Trüffelanbauer erkennen, dass sie sich nicht auf ihren Lorbeeren ausruhen dürften. Es sei nicht dasselbe, ob 300 oder am Ende nur noch 200 Euro pro Kilo bezahlt würden. „Wir haben die Verpflichtung, weltweit führend in Produktion, Forschung und Werbung zu sein", sagt Perales. Er fordert eine landesweite Marketingkampagne. Man müsse die Verwendung der schwarzen Edeltrüffeln auch in Spanien „verallgemeinern, ohne das Produkt zu trivialisieren".

Trüffelanbauer Miguel Perez ist von der Trüffelschwemme nicht überrascht. „Wir wussten, dass dies passieren wird, da das Angebot steigt und wir nicht genug daran gearbeitet haben, die Trüffeln zu fördern, damit die Nachfrage wächst." Perez erwartet, dass in den kommenden Jahren jeweils bis zu 30 Tonnen mehr Trüffeln angeboten werden.

TRÜFFELN IM TRICASTIN

Der Trüffelmarkt von Richerenches gilt für viele Franzosen immer noch als der größte der Welt. Am Wochenende meines Besuches in Teruel werden in Richerenches gerade mal 80 Kilogramm schwarze Edeltrüffeln zum Kilo-Preis von 550 Euro angeboten.[7] In der gesamten Saison 2019/2020 kommen hier nach den offiziellen Zahlen 1295 Kilogramm zusammen, eine verschwindend geringe Menge gegenüber den Umsätzen in Teruel.

Der spanische Trüffelboom steht im krassen Kontrast zur Lage in Frankreich. Auch in Spanien ist die Trüffel nach wie vor keine wirklich domestizierte Kulturpflanze wie Äpfel oder Kartoffeln. Aber die Kulturen der spanischen Trüffelanbauer wirken wie gut funktionierende Plantagen, professionell geplant und geführt. Schlagartig wird der Unterschied deutlich, als ich von Valencia zurück ins Tricastin komme, in die zentrale Trüffelregion Frankreichs in den Départements Drôme und Vaucluse im Rhônetal. Hier liegen zwischen Montélimar im Norden und Orange im Süden die meisten Truffieren des Landes.

Ich will bei Saint-Paul-Trois-Châteaux Truffieren besuchen und in Puyméras die größte Trüffelfirma Frankreichs, Plantin. In Grignan treffe ich dann auch André Faugier, der sich als Gendarm auf die Verfolgung von Trüffeldieben spezialisiert hat. Man sieht auch hier größere, gut gepflegte Trüffelkulturen, aber viel öfter kleine, verwilderte Waldstücke mit alten Bäumen, ohne Zäune und ohne Bewässerungsanlagen. Die Landschaft mit ihren Lavendelfeldern, Olivenbäumen und Weingärten ist lieblicher, charmanter als die um Teruel in Spanien.

Der französische Trüffelexperte Pierre Sourzat hat mir gesagt, der Trüffelanbau in Spanien sei eine Investition mit Gewinninteressen, während die Franzosen sich ähnlich wie die Italiener darauf verlegten, ihre traditionelle Trüffelkultur als Teil der eigenen kulturellen Identität zu pflegen. Dazu gehört die Liebe zum „Terroir", der eigenen Region mit ihrer Gastronomie, dem Brauchtum und der Folklore, mit den im Vergleich zu Spanien viel zahlreicheren Märkten, Museen und kleinen Festen.

MARTIN (1828): DER TRÜFFELLIEBHABER BEIM EINKAUF

1982 wurde die Trüffelbruderschaft des Tricastin gegründet, unter anderem von Bernard Duc-Maugé, der auch Chef des kleinen Trüffelmuseums in Saint-Paul-Trois-Châteaux ist. Die Straße in das von den Römern gegründete Städtchen führt von Richerenches durch hügelige Weinberge, vorbei an den blau-grünen Wellen der Lavendelfelder und den Trüffelkulturen. An einer waldigen Truffiere am Straßenrand steht ein Schild: „Warnung für Diebe!" Unter dem Text droht eine schwarze Trüffel mit Knochenkreuz wie ein Totenkopf.

Duc-Maugé ist stolz, im größten Trüffelgebiet Frankreichs zu leben. Doch bedrückt ihn in diesem Jahr die abermals schlechte Ernte: „Ich erwarte kaum zehn Tonnen für ganz Frankreich", sagt er. Auch auf der eigenen, nicht bewässerten Truffiere hat sein Trüffelhund vergeblich herumgeschnuppert. Aber zum jährlichen Trüffelfest des Ortes im Februar kommen wieder rund 2600 Besucher. Man will die Trüffel hier „demokratisieren". Es gibt für 35 Euro ein Trüffelessen, dazu Wein und einen Aperitif. „Das ist in etwa zum Selbstkostenpreis, aber so lernen die Leute die echten Trüffeln kennen", sagt Duc-Maugé.

Denn Produkte mit künstlichem Aroma sind bei ihm verpönt: „Dass es nicht genug echte Trüffeln gibt, ist kein Grund, Aromastoffe zu essen!" Duc-Maugé setzt sich für klare, eindeutige Bezeichnungen ein, damit die Verbraucher nicht getäuscht werden. Seit 1978 sind Konserven mit der schwarzen Edeltrüffel *Tuber melanosporum* aus dem Tricastin mit einer Appellation d'Origine controllée geschützt, einer kontrollierten Ursprungsbezeichnung. Trüffel-Produkte mit industriell hergestelltem Aroma sind mittlerweile auf dem Fest von Saint-Paul-Trois-Châteaux verboten. Der Verband der Trüffelanbauer in Frankreich vergibt entsprechende Zertifikate – bisher wurden die aber von nur wenigen Veranstaltern der mehr als 150 Trüffelmärkte und -feste des Landes beantragt.[8] „In Richerenches weigern sich die Leute, auf Aroma-Produkte zu verzichten", sagt Duc-Maugé. Er selbst stellt in seiner kleinen Firma ein Öl her, das nur Auszüge aus echten Mélano-Trüffeln enthalten soll. „Ich nehme 60 Gramm Trüffeln pro Liter."

Jede Region solle verkaufen, was sie hat, und ihre Produkte zur Geltung bringen, sagt Duc-Maugé. Natürlich könne man auch andere Trüffelarten essen – aber unter der Bedingung, dass man nicht betrügt. „Man muss den Leuten beibringen, wie eine Mélano schmeckt, wie die Sommertrüffel und wie die Netztrüffel *Tuber mesentericum*." Er ist empört: „Ich kenne Leute, die sagen mir: Gut, dass es China-Trüffeln gibt, gut, dass wir künstliche Aromen haben, da lernen die Leute Trüffeln kennen. Wollen die uns verarschen? Das sind keine Trüffeln! Sagt lieber offen, dass ihr Kohle verdienen wollt!"

Besonders Deutschland ist ihm ein Dorn im Auge: „Ich glaube, Deutschland hat ein echtes Problem, denn ich denke, die Deutschen sind das Paradebeispiel für Leute, die an Aromastoffe gewöhnt sind." In Deutschland sei man italienisch ausgerichtet. „In Italien ist alles voller Aromastoffe. Nicht nur im Öl." Er denkt an die weiße Albatrüffel *Tuber magnatum:* „Das ist eine Trüffel, die man nicht kocht. Aber man findet dennoch Konserven mit weißen Trüffeln. Die haben auch Geschmack, aber nur, weil man Aroma hinzugefügt hat. Schauen Sie sich die Etiketten von Pasta-Produkten an: Aroma, Aroma, Aroma! Man nimmt sogar *Tuber borchii* oder die Sommertrüffel und sagt, das sei die weiße italienische Trüffel. Aber die Deutschen mögen es, und die Italiener wissen das."

Von Saint-Paul-Trois-Châteaux führt die Route durch die Olivenregion um Nyons nach Puyméras zur Firma Plantin, dem führenden französischen Trüffelunternehmen. Bei einem Jahresumsatz von 21 Millionen Euro verarbeitet Plantin pro Jahr 50 Tonnen frische Trüffel. 15 davon seien schwarze Edeltrüffeln, sagt Direktor Luc Moulin. Daneben wird mit Sommer- und Burgundertrüffeln gehandelt, auch mit der Wintertrüffel *Tuber brumale*, dazu mit weißen Piemont-Edeltrüffeln aus Italien sowie Trüffelprodukten mit künstlichem Aroma. Die Hälfte der schwarzen Edeltrüffeln wird frisch verkauft.

Moulin will mich glauben machen, dass die Firma die Trüffeln so gut wie ausschließlich aus Frankreich bezieht. Auf der Internet-Seite steht, man kaufe vor allem auf den Märkten in Richerenches und Valréas ein, im Sommer auch in Australien. Kein Wort von Spanien, wo ich doch in Teruel die für die Lieferung nach Frankreich bestimmten Trüffelsäcke gesehen habe. Zudem wäre das Angebot in Richerenches viel zu gering. Moulin sagt, viele Trüffelanbauer belieferten Plantin direkt. Immerhin gibt er zu, die spanischen Trüffel seien in der Qualität keineswegs schlechter als die aus Frankreich. Das muss er auch, denn man hatte mir vorher in seiner schicken Trüffel-Boutique erzählt, dass die Firma gerade eine eigene Plantage in Spanien erworben hat.

„DIE SPANIER HOLEN WIR NICHT MEHR EIN"

100 Kilometer weiter südwestlich auf der anderen Seite der Rhône liegt das Trüffel-Département Gard. Etwas außerhalb der wunderschönen Stadt Uzès mit ihren alten Mauern treffe ich den Präsidenten der Vereinigung der französischen Trüffelanbauer, Michel Tournayre. Er bewirtschaftet zusammen mit seiner Tochter die „Truffieres d'Uzès" – 25 Hektar Trüffelfläche und ein kleines Restaurant. Tournayre hat sich eine grüne Schürze umgebunden, die Brille aufs graue Haar geschoben und putzt Trüffeln. „Entschuldigung, ich muss noch eine Bestellung fertig machen." Er bürstet die Erde von den schwarzen Knollen, schneidet hier und da eine weiche Stelle heraus und sortiert die Trüffeln in Holzkästen. Das durch eine Glasscheibe von ihm abgetrennte Restaurant mit wenigen Tischen ist

wie ein Museum ausgestattet. In einer Vitrine werden historische Trüffelbücher ausgestellt, daneben alte Trüffelgläser, Konserven, Postkarten, Dokumente, Zeitungsausschnitte und Arbeitsgeräte. Auf einer alten Handwaage liegt eine getrocknete Riesentrüffel, andere Exemplare von 900 und 750 Gramm Gewicht mit den Funddaten 2013 und 2014 sind in Gläsern konserviert.

Die Truffieres d'Uzès sind aus dem landwirtschaftlichen Betrieb von Großvater Pierre Tournayre hervorgegangen. Der baute anfangs neben Trüffeln auch Wein, Getreide, Obst und Spargel an. Seit nunmehr 20 Jahren konzentriert sich sein Enkel ganz auf die schwarzen Knollen. In dem kleinen Ladengeschäft im Restaurant werden regionale Produkte wie Olivenöl, Tapenaden oder Safran verkauft. Auch bei Tournayre sind industriell erzeugten Aromen tabu. „Aus Rücksicht auf den Verbraucher werden Produkte, die vorgeblich aus Trüffeln mit Aromen hergestellt wurden, nicht zum Verkauf angeboten", steht auf der Website.

Schon der Gedanke an synthetisch erzeugtes Trüffelaroma macht Tournayre wütend: „Diese chemischen Produkte sind Verbrauchertäuschung, mit ihren Bezeichnungen werden nur Gesetzeslücken ausgenutzt", sagt er. „Trüffeln haben mit ihren 50 Aromakomponenten ein außerordentlich komplexes und subtiles Aroma. Es hüllt einen förmlich ein, aber diese chemischen Scheißprodukte – so muss man sie nennen, denn das sind sie – die sind doch ein Schlag in die Fresse!" Und wie findet er, dass sogar Spitzenköche wie Frankreichs Star Alain Ducasse sie verwenden? „Ich kann nicht verstehen, wie Sterneköche diese Produkte benutzen können, das ist doch ekelerregend!" Wer das ganze Jahr über Trüffeln benutzen will, solle Konserven oder Tiefkühltrüffeln nehmen oder im Sommer in Australien einkaufen. „Aber wer diese Produkte nimmt, dem sind doch die Kunden völlig egal."

Tournayre ist ein Mann fester Überzeugungen, seit sechs Jahren vertritt er sie als Präsident der Trüffelanbauer-Vereinigung des Landes. Er ist ein belesener Experte, kennt die Krise der stark zersplitterten französischen Trüffelwirtschaft. „Wir sind in der Gefahr, alles zu verlieren, weil die Welt der Trüffelanbauer nichts ändern und sich weiter verstecken will. Die Heimlichtuerei bringt uns um, der mangelnde Austausch unseres Wissens und unserer Erfahrungen", warnt er. „Die Bauern hier machen alles, denn Trüffelanbau ist in Frankreich ein Zusatzgeschäft." Die meisten Truffieren seien nur ein oder zwei Hektar groß. Bis zu 1,5 Hektar Fläche wird in Frankreich pauschal mit 700 Euro besteuert, unabhängig von den wirklichen Erträgen, die vielleicht Tausende Euro betragen können. So hätten viele Trüffelbauern leider kein Interesse, größere Flächen anzulegen und sich zu professionalisieren, bedauert Tournayre.

Tournayre ist tief beeindruckt vom Trüffelanbau in Spanien. „Spanien hat in kurzer Zeit 200 Jahre aufgeholt – was den Anbau betrifft, nicht die gastronomische

Kultur", sagt er. »Die Spanier sind weg, die holen wir nicht mehr ein." Ihr Erfolg sei in ihrer Professionalität begründet, nicht darin, dass es staatliche Kredite gegeben habe. In Frankreich gebe es nur wenige große Projekte, auch Erfolge mit Bewässerungsprojekten, aber es fehle eine dynamische Weiterentwicklung. „Denn, Vorsicht", sagt Tornayre mit erhobenem Zeigefinger, „es ist keine Frage der Hektarerträge, da sind wir genauso gut wie die Spanier." 20 bis 25 Kilogramm Trüffeln je Hektar erreiche man dort wie hier, wenn die Flächen nur gut bewässert würden. Tournayre ist aber empört, dass viele Tonnen Trüffeln in Spanien eingekauft und dann von Händlern oder auf Märkten wie Richerenches als französische Trüffeln verkauft würden. „Das ist gegen das Gesetz."

Von den 25 Hektar der eigenen Truffieren nutzt Tournayre im Moment nur vier bis fünf. Zehn Hektar sind noch zu jung, zehn Hektar zu alt. Erst nach sieben bis acht Jahren wachsen unter neuen Bäumchen auch Trüffeln, nach etwa 25 Jahren gehen die Erträge stark zurück. „Das Jahr ist schwierig", sagt er, „aber bei mir ist es gut." Er hat drei Hektar Trüffelfläche bewässert. Die Rohre sind nicht fest installiert, sondern werden immer neu ausgelegt. Bewässert wird ab Mitte Mai, wenn die jungen Trüffeln entstehen. Mit einem Gesamtertrag von 100 Kilogramm pro Jahr und den Einkünften aus dem Restaurant, mit Vorträgen und touristischen Angeboten kann er leben.

PESSIMISMUS, NOSTALGIE UND GESCHÄFT

Über Toulouse weiter nach Cahors in der Region Quercy. Sie grenzt an das Périgord, dessen Namen trotz der schwindend geringen Erträge aus der Region immer noch für die schwarzen Edeltrüffeln der Art *Tuber melanosporum* steht. Ich treffe Pierre-Jean Pébeyre, den ich seit vielen Jahren als Trüffelhändler und Experten kenne. Wir teilen auch die Leidenschaft für das Sammeln von alten Büchern über Trüffeln. Im Trüffel-armen Winter 2012 hatte er mir vorausgesagt, dass es mit den französischen Trüffeln weiter bergab gehen werde und dass die Zukunft der „französischen" Trüffeln allein in Spanien liege. Er hat recht behalten.

Das Schild an der Tür seiner kleinen Fabrik in der Rue Frédéric Suisse ist kaum lesbar, die Fenster sind vergittert. Im Kühlraum lagern die frischen Trüffeln, neben den Sortiertischen füllen zwei Frauen Trüffelsaft in Blechdöschen. Die erdigen Knollen von den Märkten werden zunächst in einer Bürstentrommel gewaschen, dann sortiert und anschließend entweder frisch verkauft oder zur Konserve verarbeitet. Bei der Selektion der frischen Trüffeln werden einige weniger wertvolle Wintertrüffeln (*Tuber brumale*) aussortiert. In Plastiktüten vakuumiert gehen die schönsten Trüffeln dann über den Flughafen von Toulouse an die Kunden. Jetzt, im Februar und bis Anfang März, sind die Trüffeln schön reif – und auch preiswerter als vor Weihnachten.

Man unterscheidet bei der Herstellung von Trüffelkonserven zwei Qualitätsstufen: Entweder werden die Trüffeln nur einmal erhitzt und im eigenen Saft als Trüffeln aus „erster Kochung" (Première cuisson) verkauft. Nur diese beste Qualität kommt für viele Feinschmecker infrage. Bei den zweimal abgekochten Trüffeln wird ein Teil des Safts aus der ersten Kochung wieder in die Dosen oder Gläser gefüllt, bevor diese erneut im Autoklav erhitzt werden, dem großen Druckbehälter. Die Trüffelkonserven werden dann entweder als ganze gebürstete Trüffeln (Brossés), als Stücke (Morceaux), Bruchstücke (Brisures) oder als Mischung von gehackten Trüffelstücken und Schalen (Pélures) angeboten. Wer Omelett oder Trüffelsaucen machen will, ist mit den geschmacksintensiven Pélures bestens bedient.

Von Mitte November bis Mitte März ist Pierre-Jean Pébeyre noch immer an vielen Wochenenden im Auto unterwegs. Manchmal fährt er 2500 Kilometer durch Südfrankreich und Spanien: Wenn es genug Trüffeln gibt, am Freitag von Cahors nach Carpentras bei Avignon. Am Samstag steht der Markt in Richerenches auf dem Programm, oder es geht nach Südosten zu den Trüffelmärkten nach Spanien. Pébeyre spricht offen darüber, dass er die meisten Trüffeln in Spanien einkauft, aber seine Website verrät dies nicht.

Mit seinen kurzen grauen Haaren sieht der heute 61-jährige ein bisschen aus wie ein freundlicher Napoleon. Ich bezeichne ihn als Pessimisten, Michel Tournayre nennt ihn einen Nostalgiker. Der Blick in die Vergangenheit ist in der Tat ein Grund zum Träumen. Als die Firma „Pébeyre Truffes en gros" 1897 vom Urgroßvater gegründet wird, ist Frankreich das Paradies der Périgord-Trüffel, der „Mélano". Ein Foto des Firmengründers mit prächtigem weißem Bart und schwarzer Trüffel in der Hand hängt im Büro in Cahors. Von ihm übernahm Pierre-Jeans Großvater den Betrieb, der übergab an Vater Jacques. Pierre-Jean folgte 1983, und heute arbeiten in der fünften Generation Sohn und Tochter mit im Geschäft, Frau Babeth arbeitet mit im Büro. Zuhause bereitet sie köstliche Trüffelgerichte: Butterbrot mit Trüffelscheiben, im Ofen angeröstet, Trüffelomelett und dann gebratene Trüffelwürste mit einem sahnigen, mit frischer Gurke aufgelockerten Kartoffelbrei.

Pébeyre ist ein streitbarer Experte und Geschäftsmann. Einerseits verteidigt er vehement die schwarze Edeltrüffel, andererseits produziert er Trüffelöl mit künstlichem Aroma. Außerdem handelt er mit der billigen, geschmacksarmen China-Trüffel (*Tuber indicum*), die 1994 erstmals auf den europäischen Markt kam und rein optisch allzu leicht mit der Périgord-Trüffel verwechselt werden kann. Die China-Trüffel sei zwar ein geschmackloses „Scheißzeug", sagt er, aber doch immerhin ein natürliches Produkt, für das es aufgrund der hohen Preise für Edeltrüffeln einen Markt gebe. „Die China-Trüffel ist ein ehrliches Produkt – warum soll ich den Handel den Chinesen überlassen?" Ein Gutteil des Jahresumsatzes von rund zwei Millionen Euro stammt jetzt aus dem Handel mit Trüffelölen und ähnlichen Produkten sowie China-Trüffeln. „Anders könnte die Firma nicht überleben", bilanziert Pébeyre. Im Angebot sind auch Essig oder Honig mit Trüffeln. „Den kaufe ich in Italien", sagt Pébeyre ein bisschen verzweifelt, weil er von all den Aromaprodukten eigentlich überhaupt nichts hält. Aber die Kunden verlangten danach, sagt er, sie wollen auch die oft in den Gläsern schwimmende Trüffelteilchen, obwohl diese gar keinen Geschmack liefern.

Über viele Jahre hat Pébeyre Trüffelforschung betrieben, einen eigenen Chemiker beschäftigt und für Forschungsarbeiten mit dem Wissenschaftler Thierry Talou vom Polytechnischen Institut der Universität von Toulouse zusammengearbeitet. Von 1987 bis 2007 hatte er das erste Patent für ein synthetisches Schwarze-Trüffel-Aroma inne. Es riecht nicht so penetrant wie Trüffel-Sulfid, dem Aromastoff zur Imitation des Geruchs weißer Edeltrüffeln. Heute beschäftigt Pébeyre das Problem, dass die Wissenschaft nach wie vor nicht erklären kann, wie im Frühjahr neue kleine Trüffel-„Embryonen" oder Primordien im Boden entstehen. Es sei ein Skandal, dass das französische Agrarforschungsinstitut Inra seit Jahrzehnten intensiv das Mykorrhizieren erforscht habe, das Beimpfen von Eichen- oder Haselsetzlingen mit Trüffelsporen, aber nicht die Entstehung der Pilze im Boden. „Es sind nicht die Bäume, die Trüffeln produzieren. Sie helfen nur dabei." Millionen Trüffelbäume seien seit 1974 verkauft und angepflanzt worden, und dennoch sei die Ernte immer weiter zurückgegangen. Pébeyre meint, die Käufer von Trüffelbäumen würden einfach für dumm verkauft.

Die Zukunft liegt auch für Pébeyre wegen des Klimawandels nur in der Intensivkultur mit ihren Bewässerungssystemen. Er klagt, dass damit die alte Kultur der Trüffel verschwinde. „Jetzt haben wir bei uns nur Tändler, nur Marketing und Werbung." Das Produkt Trüffel existiere vielfach nur noch als Image, als Thema, um ein Tourismusangebot zu verkaufen und für die örtliche Gastronomie zu werben. „Das ist eine dramatische Situation. Natürlich muss ein so seltenes und teures Produkt in den Medien präsent sein, aber das Problem ist, dass man sich im Grunde von seinem Sterben ernährt – das ist das Paradoxe an diesem Produkt, bei dem es nur Paradoxe gibt."

Als ermutigender Gruß aus den großen Zeiten der Trüffelkultur in Frankreich steht in der Trüffelfabrik ein großes Glas mit einer in Formalin konservierten Riesentrüffel aus der Saison 1870. Gewichtsangabe: 4,7 Kilogramm. Immerhin: Pierre-Jean Pébeyre legt jetzt doch selbst wieder eine Truffiere an.

GRUNDLAGEN: TRÜFFELARTEN UND KULTUREN

Unsere Speisetrüffeln gehören zur großen Gruppe der Hypogäen, den unterirdisch wachsenden Pilzen. Die Unterscheidung der Trüffelarten ist selbst für Fachleute schwierig und für Laien fast unmöglich. Wir konzentrieren uns auf die Edeltrüffeln, die schwarze Périgord-Trüffel *Tuber melanosporum* und die weiße Piemont-Trüffel *Tuber magnatum* sowie auf die anderen schwarzen Trüffeln der Gattung *Tuber*, die in Europa auf den Markt kommen.

LEBENSWEISE: Was wir Trüffeln nennen, sind die Fruchtkörper des Pilzes, der als Geflecht (Myzel) im Boden wächst. Das Myzel bildet mit Baumwurzeln die sogenannte Mykorrhiza (Myko = Pilz, Rhiza = Wurzel), das Organ der Symbiose von Baum und Pilz. Der Baum liefert dem Pilz Kohlenhydrate aus der Photosynthese, während das Pilzmyzel Minerale aus dem Boden zurückgibt. Verschiedene Eichenarten sind für die Symbiose der Trüffeln besonders geeignet, auch Haselnuss und Hainbuche. Weiße Edeltrüffeln wachsen auch unter Pappeln und Weiden.

Trüffeln lieben kalkhaltige, meist steinige und durchlässige Böden in gemäßigten Klimazonen, dazu heiße Sommer, aber ohne zu lange Trocken- oder Frostperioden. Wichtig ist neben der Wärme ausreichend Feuchtigkeit. Genug Regen im Mai und Juni in der ersten Entwicklungsphase ist nach neuen Forschungen entscheidend. Die ersten, wenige Millimeter kleinen Fruchtkörper bilden sich im Frühjahr und wachsen und reifen dann je nach Art bis zum Herbst oder auch bis zum folgenden Winter. Unter den Trüffelbäumen entsteht in der Wachstumsphase die sogenannte Brûlée, eine „verbrannte" kahle Zone, in der andere Pflanzen absterben, weil ihnen das Trüffelmyzel Nährstoffe wegnimmt.

VERBREITUNG: Man findet die schwarze **„PÉRIGORD"-TRÜFFEL** natürlich und in Kulturen vor allem in Süd- und Südwestfrankreich bis hoch an die Loire, in Nord- und Mittelitalien sowie im westlichen und nordwestlichen Spanien. Kulturerfolge gibt es besonders in Australien, aber auch in Neuseeland, den USA, Chile und Marokko.

Schwarze **SOMMER- UND BURGUNDERTRÜFFELN** sind in Süd- und Ostfrankreich und in Italien häufig. Sie wachsen meist in natürlichen Wäldern und in immer mehr Kulturen. Sie kommen auch in Deutschland und fast allen anderen europäischen Ländern vor sowie in der Türkei, in Georgien und im Iran.

Die weiße **„PIEMONT"-TRÜFFEL,** bei der bisher alle Kulturversuche gescheitert sind, ist in Nordwest- und Mittelitalien und weiter südlich in den Regionen Molise und Kalabrien heimisch. Auf der gleichen geografischen Breite wie Norditalien wird sie auf der östlichen Seite der Adria im Balkan gefunden, besonders auf der kroatisch-slowenischen Halbinsel Istrien sowie in Serbien, aber auch im südlichen Ungarn, in Rumänien, Bulgarien und Nord-Griechenland. Vereinzelte Fundstellen gibt es in der Schweiz und in Südfrankreich. Der deutsche Mykologe Leopold Fuckel berichtet 1859 sogar von einem Fund am Ufer des Alt-Rheins bei Hattenheim.[9]

DIE PIEMONT-TRÜFFEL NACH TULASNE (1851)

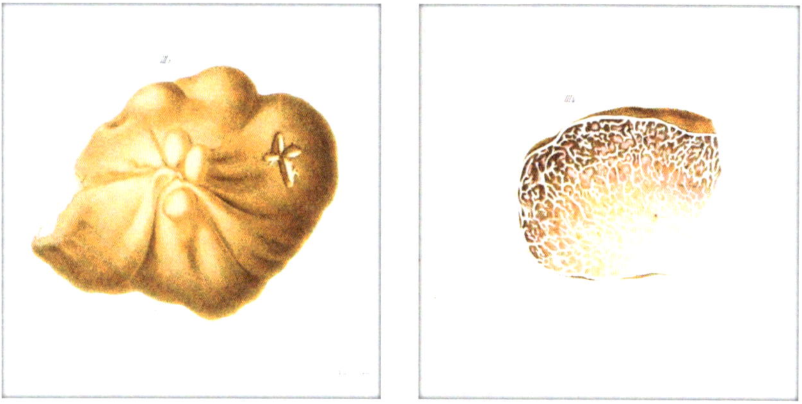

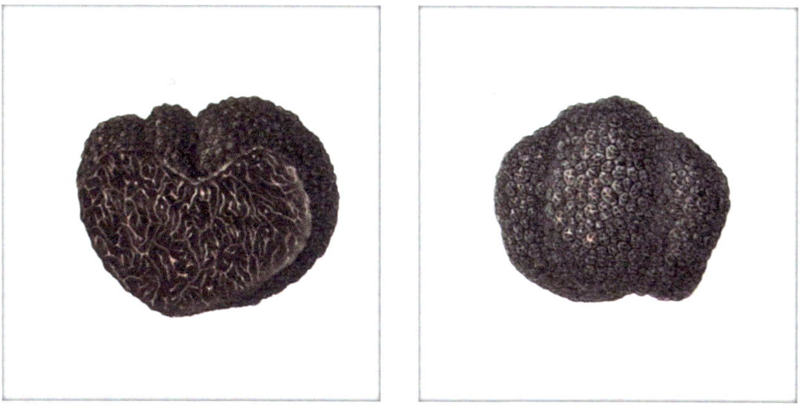

DIE PÉRIGORD-TRÜFFEL NACH TULASNE (1851)

TRÜFFELARTEN

Man unterscheidet schwarze Trüffeln mit warziger, rauer Schale und weiße Trüffeln mit glatter Haut, wobei die weißen in Wahrheit weißlich-gelblich bis braun-rötliche Farbtöne haben. In beiden Kategorien gibt es in kulinarischer Hinsicht je eine vorzügliche Art und einige als gute Speisepilze geschätzte Arten.[10]

WEISSE TRÜFFELN

1. KATEGORIE

***TUBER MAGNATUM* | PIEMONT-TRÜFFEL, ALBA-TRÜFFEL**

Weißgelbliche Trüffeln mit glatter Außenhaut und intensivem Aroma, das an Knoblauch und Käse erinnert. Vorkommen: Nordwest- und Mittel-Italien, weiter östlich jenseits der Adria und auf dem Balkan, von September bis Dezember.

2. KATEGORIE

***TUBER BORCHII, AUCH TUBER ALBIDUM* | FRÜHLINGSTRÜFFEL, BIANCHETTO**

Helle Trüffeln mit glatter Außenhaut. Grau bis rotbräunlich, innen ockerfarbig bis rotbräunlich und schwärzlich, mit weißen oder braun-rötlichen Adern. Aroma knoblauchartig, etwas erdig, intensiv. Vorkommen: in Europa weit verbreitet, vor allem in Italien, Januar bis Ende April.

3. KATEGORIE

***TUBER DRYOPHILUM* | SCHLESISCHE TRÜFFEL**

Gelblich-ockerfarbene Trüffeln, ähnlich Tuber Borchii, aber mit schwächerem Aroma. Wird oft heimlich unter Bianchetti-Trüffeln gemischt. Vorkommen: Europa, Mai bis Januar

***TUBER OLIGOSPERMUM* | WEISSE FRÜHLINGSTRÜFFEL**

Weißlich-bräunliche Trüffeln von schwächerem, hefigem Aroma. *Tuber oliogospermum* wird betrügerisch als Bianchetti oder auch als weiße Edeltrüffel angeboten. Vorkommen: Tunesien, Marokko, Februar bis Juni.

WEITERE UNECHTE TRÜFFELN DER 3. KATEGORIE

***TERFEZIA/TIRMANIA/KALAHARITUBER* | WÜSTENTRÜFFEL, KALAHARITRÜFFEL**

Helle Trüffeln mit glatter Außenhaut, in kargen Wüstenböden nahe der Oberfläche wachsend. Aroma schwach. Die Trüffel der Sumerer, Griechen und Römer. Vorkommen: vor allem in Nordafrika und Vorderasien.

***CHOIROMYCES MEANDRIFORMIS* |**
MÄANDERTRÜFFEL, DEUTSCHE TRÜFFEL, WEISSTRÜFFEL

Dicht unter der Erdoberfläche wachsende Trüffeln, weißlich bis schmutzig gelbbraun. Innen mit feinen mäanderartigen Windungen. Aroma bei alten Fruchtkörpern kräftig. Vorkommen: überall in Europa, Juli bis Oktober.

SCHWARZE TRÜFFELN

1. KATEGORIE

***TUBER MELANOSPORUM* | PÉRIGORD-TRÜFFEL, WINTEREDELTRÜFFEL**

Warzige Trüffeln, schwarz mit rotbräunlichem Schimmer, innen braunviolett bis schwarzpurpur, mit einem dichten hell-weißlichen Adernetz. Geruch und Geschmack sehr aromatisch mit Noten von Moschus, Nüssen und Humus. Vorkommen: Spanien, Frankreich und Italien sowie in Kulturen besonders in Australien. In Europa von Mitte November bis Ende März.

2. KATEGORIE

***TUBER BRUMALE* | WINTERTRÜFFEL, MOSCHUSTRÜFFEL, MUSKATTRÜFFEL**

Oft mit der Périgord-Trüffel gefundene, ähnliche schwarze Trüffeln, die Oberhaut leicht abplatzend und darunter weißlich schimmernd. Aroma ähnlich *Tuber melanosporum,* mit Noten von sauren Früchten, auch stärker nach Moschus, dann Moschustrüffel genannt. Vorkommen: überall in Europa von November bis März.

***TUBER AESTIVUM/TUBER UNCINATUM* |**
SOMMERTRÜFFEL/BURGUNDERTRÜFFEL, HERBSTTRÜFFEL

Schwarze Trüffeln mit bei der Sommertrüffel hellerem Inneren, bei der Burgundertrüffel hell bräunlich, mit fein verzweigtem Adernetz. Leicht aromatisch riechend, später nussig. Vorkommen: als Sommertrüffel *(aestivum)* von Mai bis September, als Burgundertrüffel *(uncinatum)* von September bis in den Winter.

3. KATEGORIE

***TUBER MESENTERICUM* | TEERTRÜFFEL, LOTHRINGISCHE TRÜFFEL, GEKRÖSETRÜFFEL, NETZTRÜFFEL**

Schwarze Trüffeln, die Fruchtkörper meist an der Basis nierenförmig eingedellt. Innen graubraun bis dunkelbraun, mit weißen Adern. Aroma intensiv, nach Teer oder Phenol und Bittermandel. Vorkommen: von August bis Dezember.

4. KATEGORIE

***TUBER INDICUM, TUBER SINENSE, TUBER HIMALAYENSE* | CHINA-TRÜFFEL, ASIA-TRÜFFEL**

Trüffeln aus Asien mit schwachem Aroma. Äußerlich den Périgord-Trüffeln täuschend ähnlich, meist kleiner. Vorkommen: China, Reife von Mitte November bis Ende März.

WEITERE UNECHTE „TRÜFFELN", NUR ENTFERNT MIT TUBER-ARTEN VERWANDT

***ELAPHOMYCES* | HIRSCHTRÜFFEL**

Ungenießbare, dicht unter der Erde wachsende Pilze. Sie werden in Fichten- und Kiefernwäldern gern von Wild aus dem Boden gescharrt. Hellgelb bis rötlich gelb, fein warzig. Das Fleisch wird beim Reifen braunschwarz.

***RHIZOPOGON* | WURZELTRÜFFEL**

Mit dem Scheitel aus dem Boden ragende Knollen in Kiefernwäldern. Gelblich bis olivbräunlich, Geschmack anfangs mild, später unangenehm, einige Arten jung essbar.

***PISOLITHUS* | ERBSENSTREULING, SCHIEFERTRÜFFEL, FRÄNKISCHE TRÜFFEL, BÖHMISCHE TRÜFFEL**

Über der Erde wachsende Pilze aus der Gruppe der Hartboviste. Weißlich, dann gelblich und schmutzig braun. Innen mit rundlich erbsenförmigen Kammern. Kräftiges Aroma, deshalb getrocknet als Würzpilz genutzt. Vorkommen: in Deutschland vor allem im nördlichen Bayern und Sachsen, gern auf ehemaligen Braunkohlehalden.

ANBAU UND ERTRÄGE

Lange Zeit gab es nur wenige verlässliche Angaben über die Trüffelkulturen in Europa und ihre Erträge. Geheimnistuerei und mangelnde offizielle Informationen machen es nicht leicht, Fakten zu recherchieren. Mittlerweile bringen aber mehr und mehr Organisationen und einzelne Wissenschaftler etwas Licht ins Dunkel.[11]

TUBER MELANOSPORUM (PÉRIGORD-TRÜFFEL)

FLÄCHEN UND ERTRÄGE DER JAHRE 2014-2018 UND 2019

	FLÄCHE/HA 2019	TONNEN/JAHR 2014-2018	TONNEN 2019	KG/HEKTAR 2019*
EUROPA	58800	116	150	
FRANKREICH	29800	41,4	25,7	1,4
SPANIEN	14280	55,2	112	15
ITALIEN	14800	19	12	1,3
AUSTRALIEN	960		8	9,3

(*bezogen auf produktive Flächen) Weitere rund 2000 Hektar Kulturfläche gibt es in Neuseeland, USA, Chile, Argentinien, Marokko und Südafrika.

PRODUKTIVITÄT

Die potenziell produktive Ertragsphase einer Trüffelanlage beginnt nach acht bis zehn Jahren und dauert bis zum Baumalter von 25 bis 30 Jahren. Nach Schätzungen sind in Frankreich mit seinen vielen alten Truffieren in Wäldern nur 10 000 Hektar oder 30 Prozent der Gesamtfläche im produktiven Alter. In Spanien sind es 50 Prozent. Trüffelkulturen können Hektarerträge von null bis mehr als 200 Kilogramm pro Jahr erbringen. 15 bis 25 Kilo gelten als gut, 25 bis 50 Kilogramm als sehr gut. Höhere Erträge bis 200 Kilogramm oder mehr sind sehr seltene Ausnahmen. Berechnet auf die produktive Gesamtfläche hat Spanien deutlich die höchsten Erträge, zehn Mal mehr als in Italien und Frankreich.

NEUANPFLANZUNGEN

90 Prozent aller Périgord-Trüffeln in Frankreich und Spanien stammen aus Kulturen, nur noch rund zehn Prozent aus natürlichen Wäldern. In Frankreich werden pro Jahr 1300 Hektar neue Kulturen angelegt, in Spanien 1000 und in Italien 800. Rund 35 Prozent der spanischen Trüffelkulturen haben Bewässerungssysteme, in Frankreich weit weniger als 20 Prozent.

TUBER AESTIVUM UNCINATUM (SOMMER-/BURGUNDER-TRÜFFEL)

Erträge pro Jahr in **FRANKREICH** (2014-2017): 13,3 Tonnen
Sommertrüffel (*Tuber aestivum*) 8 Tonnen
Burgundertrüffel (*Tuber uncinatum*) 5,3 Tonnen, Saison 2019 nur 2 Tonnen

Anders als bei den Périgord-Trüffeln werden die Burgundertrüffeln in Ostfrankreich zu etwa 80 Prozent in Wäldern gefunden. Die Kulturfläche in Ostfrankreich wurde 2014 auf nur 292 Hektar geschätzt, mit einer jährlichen Zuwachsrate von 30 bis 50 Hektar. Nur etwa ein Drittel der Kulturflächen war 2014 im besten Produktionsalter von 10-30 Jahren. Aus den Zahlen ergibt sich ein durchschnittlicher Ertrag von etwa einem Kilogramm pro Hektar auf den aktiven Kulturflächen.

In **DEUTSCHLAND** gibt es nach Schätzungen des deutschen Trüffelverbandes rund 150 Hektar Kulturflächen für Burgundertrüffeln, die meisten sind aber noch zu jung. Verlässliche Angaben über die Erträge von produktiven Flächen fehlen, doch liegen sie nach meinen Recherchen bis zur Saison 2019 fast überall nur im einstelligen Kilobereich.

TUBER MAGNATUM (ALBA- ODER PIEMONT-TRÜFFEL)

Erträge Italien und Balkan pro Jahr: 50 bis 200 Tonnen
Italien: 124 Tonnen im Jahr 2002, im trockenen Jahr 2007 nur 12 Tonnen
Schätzung für 2019: 36 bis 38 Tonnen.

Die Hälfte der weißen Trüffeln Italiens stammt aus Umbrien und den Abruzzen, gefolgt von den Regionen Marken, Lazio, Toskana und Molise. Im Piemont werden nur drei Prozent der weißen Trüffeln des Landes gefunden. Aus den anderen europäischen *Tuber magnatum*-Regionen wie dem kroatisch-slowenischen Istrien, Serbien und Ungarn kommen erhebliche Mengen dazu. Dennoch werden in Italien alle weißen Edeltrüffeln als Piemont- oder Alba-Trüffeln oder unter dem Namen einer Gemeinde in den Marken als Acqualagna-Trüffeln verkauft.

PREISE

Man sollte sich bei Preisangaben über Trüffeln nicht von den Rekorden bei Auktionen von Riesentrüffeln blenden lassen, auch nicht von den Höchstpreisen, die vor Weihnachten in teuren Feinkostläden bezahlt werden. Außerdem muss man bedenken, dass Trüffeln meist wie ein Gewürz verwendet werden. Zehn Gramm weiße oder schwarze Edeltrüffeln pro Person reichen für ein Pasta-Gericht oder ein Omelett aus.

PÉRIGORD-TRÜFFELN: Als normale Endverbraucherpreise für schwarze Périgord-Trüffel gelten 900 bis 1600 Euro pro Kilo. In besonders schlechten Erntejahren können die Preise höher ansteigen.

Der Preis der schwarzen Edeltrüffeln wächst vom Anbauer über Märkte und Zwischenhändler bis zum Endverbraucher ungefähr auf das Dreifache. Wenn erdige und unsortierte Trüffeln auf dem großen Profi-Markt in Teruel in Spanien 300 bis 400 Euro pro Kilo kosten, muss man bei einem Fachhändler 1200 Euro für schöne Exemplare und 1000 für angeschnittene Stücke pro Kilo bezahlen. Auf dem Händler-Markt von Richerenches in Frankreich lag der Durchschnittspreis in der Saison 2019 bei 502 Euro. Daran orientieren sich auch die Preise für Trüffelanbauer, die direkt an Restaurants und andere Abnehmer verkaufen. Nur ein Achtel aller Trüffeln wird in Frankreich über die Märkte verkauft.

SOMMER- UND BURGUNDERTRÜFFELN: Endverbraucherpreis von 400 bis 600 Euro.

ALBA- ODER PIEMONT-TRÜFFEL: Als Endverbraucherpreise gelten 3000 bis 5000 Euro, in sehr schlechten Erntejahren bis zu 9000 Euro. Weiße Edeltrüffeln vom Balkan sind deutlich preiswerter. Ganz krass sind die Unterschiede der Gewichtsklassen. Für sehr kleine Trüffeln von 20 Gramm Gewicht betrug der italienische Großmarktpreis im Jahr 2019 im Schnitt nur 310 Euro.

LA TRUFFE

BOTANIQUE DE LA TRUFFE ET DES PLANTES TRUFFIÈRES

SOL — CLIMAT — PAYS PRODUCTEURS

COMPOSITION CHIMIQUE — CULTURE — RÉCOLTE — COMMERCE

FRAUDES — QUALITÉS ALIMENTAIRES — CONSERVES

PRÉPARATIONS CULINAIRES

PAR

AD. CHATIN

MEMBRE DE L'INSTITUT (Académie des sciences).

Avec 15 planches imprimées en couleurs.

PARIS

LIBRAIRIE J.-B. BAILLIÈRE ET FILS

19, rue Hautefeuille, près du boulevard Saint-Germain

—

1892

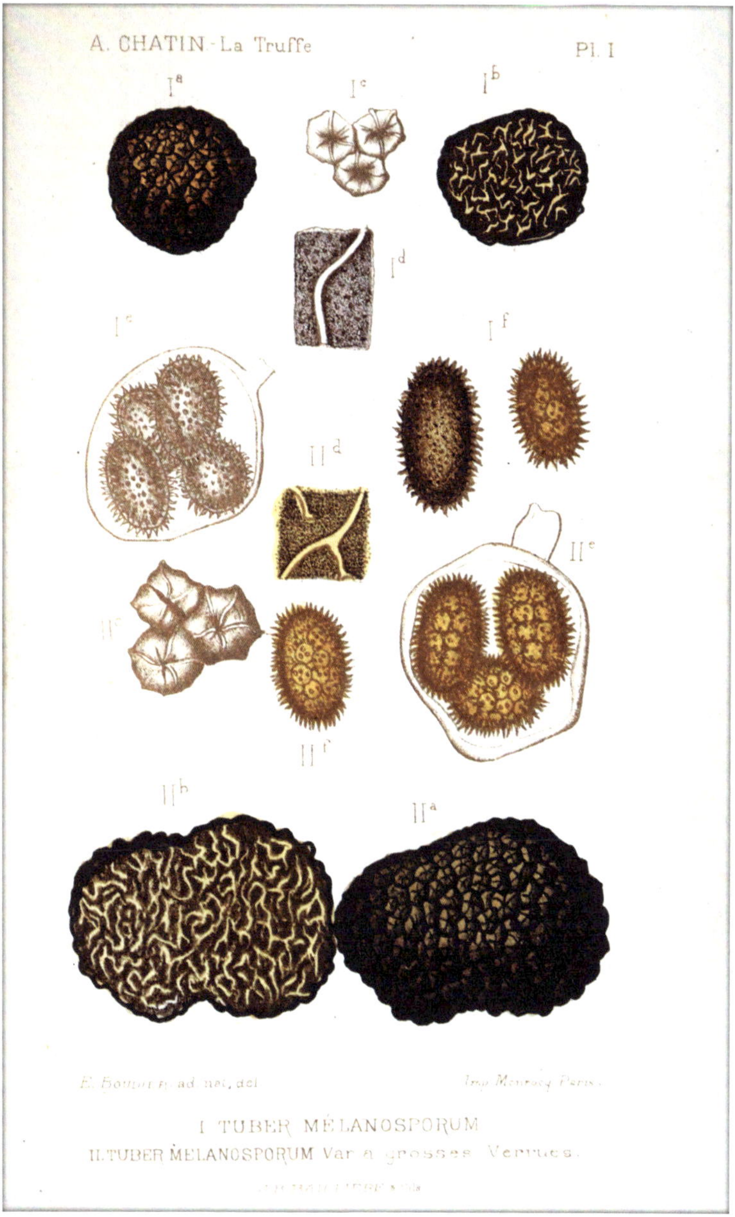
A. CHATIN - La Truffe
Pl. I
I TUBER MÉLANOSPORUM
II. TUBER MÉLANOSPORUM Var à grosses Verrues.

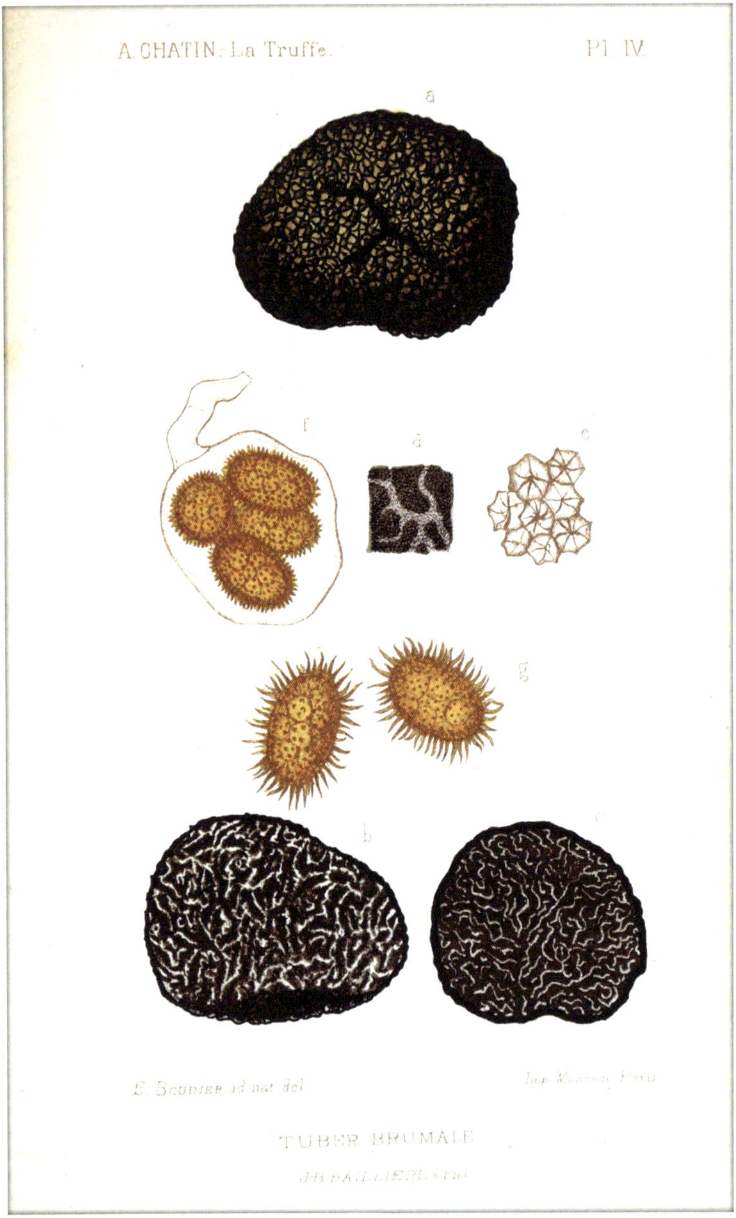
A. CHATIN. La Truffe.
Pl. IV.
a
f
d
e
g
b
c
E. Boudier ad nat. del.
TUBER BRUMALE

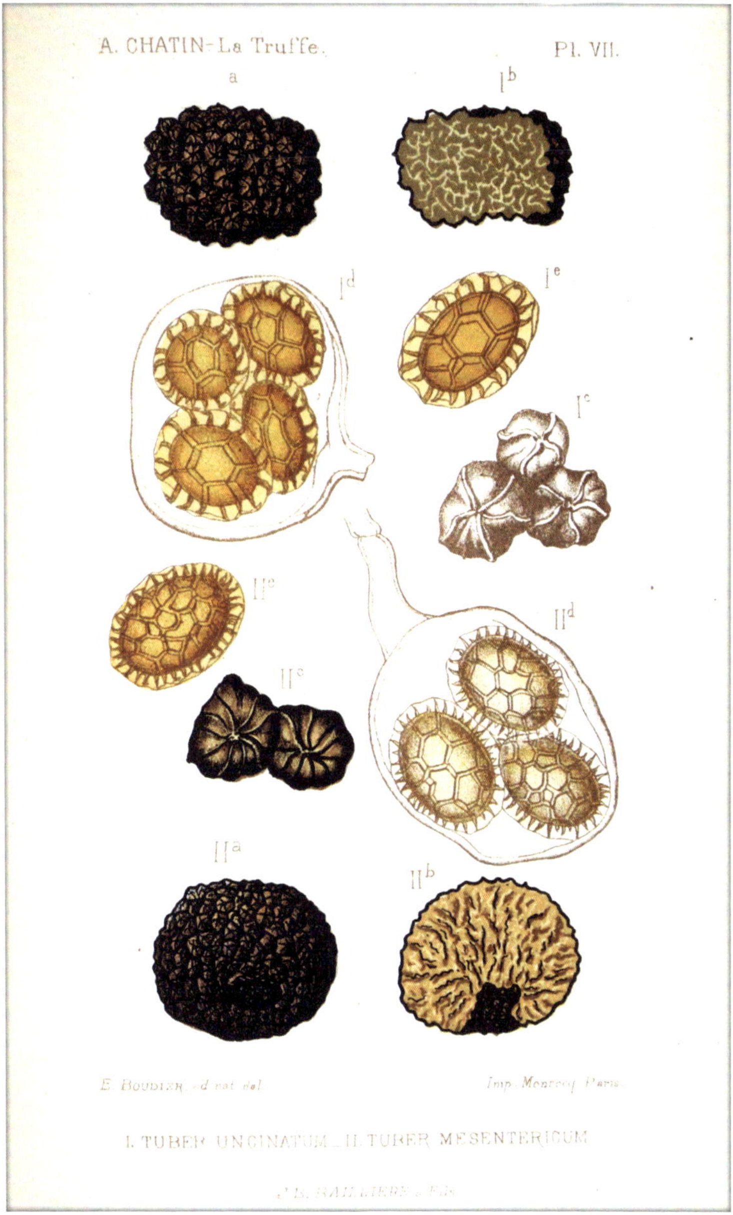
A. CHATIN-La Truffe.
Pl. VII.
E. Boudier ad nat. del
Imp. Monrocq Paris
I. TUBER UNCINATUM _ II. TUBER MESENTERICUM

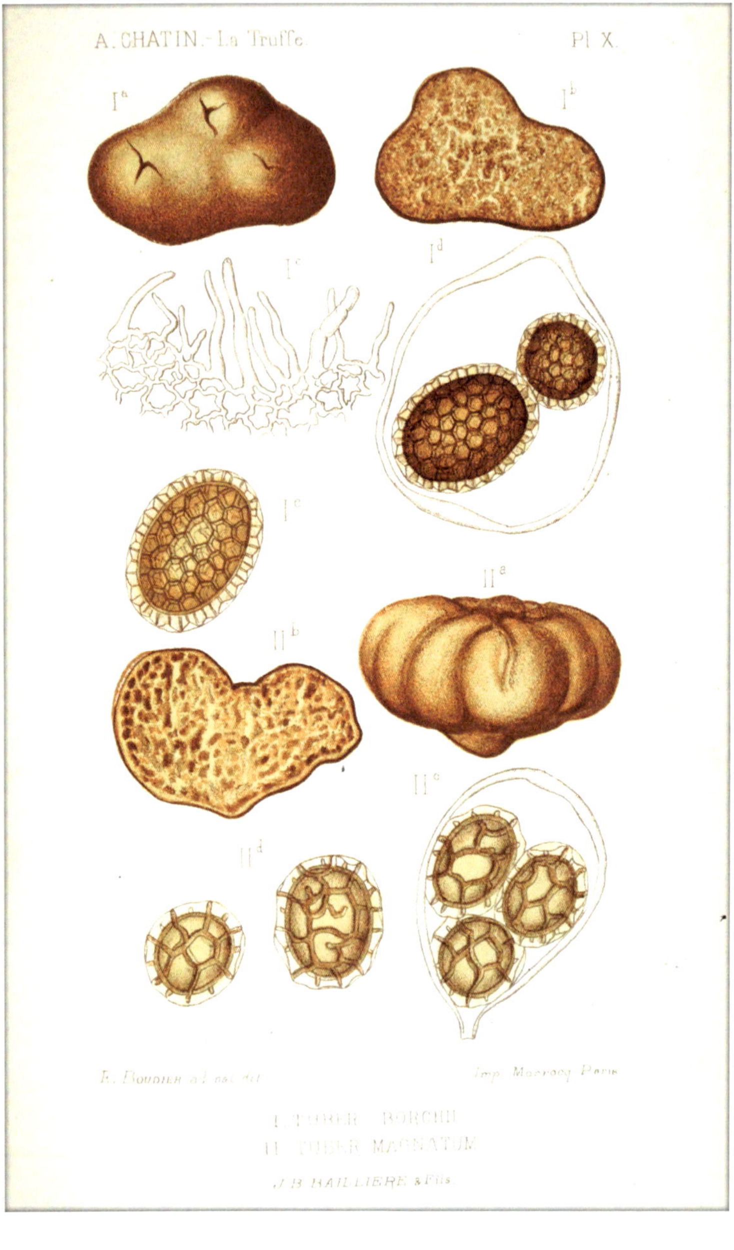
A. CHATIN. - La Truffe.
Pl X.
I. TUBER BORCHII
II. TUBER MAGNATUM
J.B. BAILLIERE & Fils

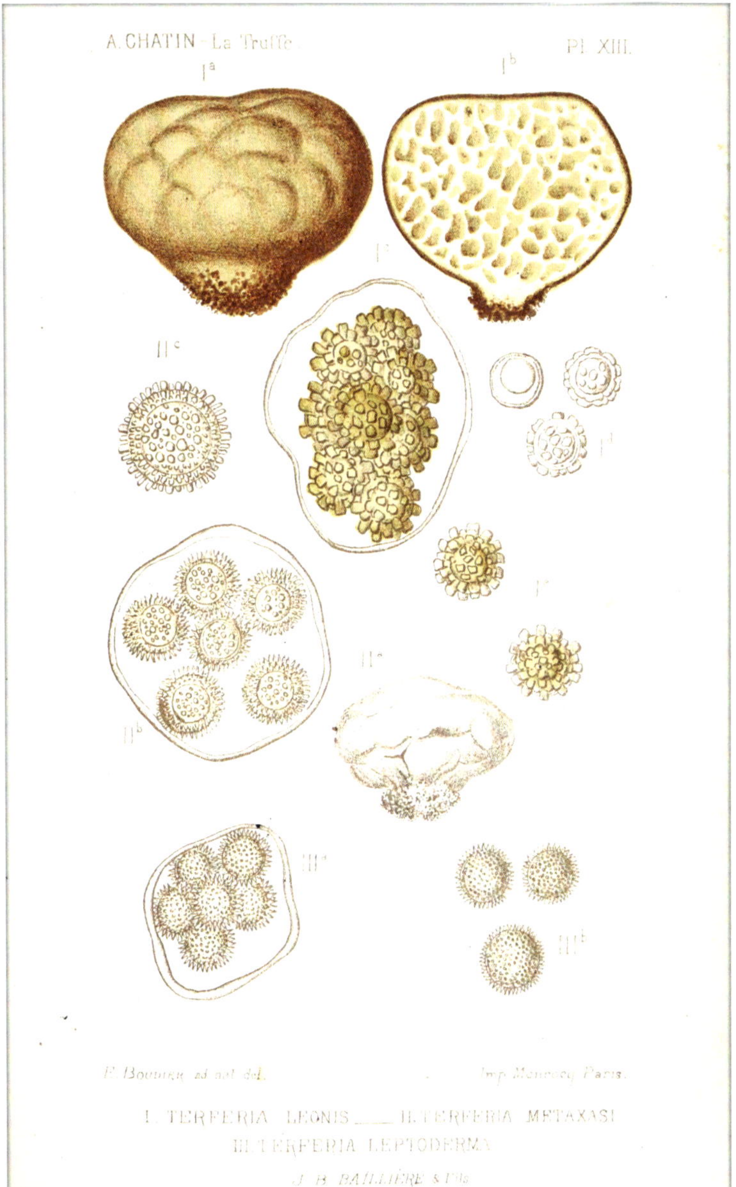
A. CHATIN - La Truffe.
Pl. XIII.
I. TERFEZIA LEONIS ___ II. TERFEZIA METAXASI
III. TERFEZIA LEPTODERMA
J. B. BAILLIÈRE & Fils

UNBESCHREIBLICH: GERUCH UND GESCHMACK

Welche Trüffeln am besten schmecken oder riechen, ist eine Geruchs- und Geschmackssache, über die sich trefflich streiten und debattieren lässt. Die Vorlieben haben natürlich auch mit Lokalpatriotismus zu tun oder dem „Gastrochauvinismus", auf den wir noch zu sprechen kommen werden. Wer als Erstes auf dem Trüffelmarkt in Alba und dann in einem italienischen Restaurant die weiße Piemont-Trüffel auf Pasta geschmeckt hat, bleibt oft fürs ganze Feinschmeckerleben davon geprägt. Ebenso derjenige, der in Carpentras oder Richerenches die Nase in einen Korb oder einen Plastiksack mit schwarzen Edeltrüffeln steckt und abends ein Trüffelomelett serviert bekommt.

Wer an andere regionale Spezialitäten gewöhnt ist, hat vielleicht eine Vorliebe für das zarte Aroma von Sommer- oder Burgundertrüffeln – und sieht sich dann von den Liebhabern der Périgord-Trüffel verachtet. In einigen Regionen sind auch die Teertrüffeln beliebt, in Deutschland gibt es Fans der Mäandertrüffeln und sogar der Erbsenstreulinge. Und wer den Werbesprüchen auf manchen Internetseiten Glauben schenkt, der könnte gar die China-Trüffeln für das Nonplusultra halten.

„Unreif hat der Trüffel keinen anderen Geruch als den Modergeruch der Dammerde oder verfaulter Vegetabilen", schreibt der badische Forstrat Fischer 1812.[12] „So wie er sich aber seiner Reife nähert, nimmt er den eigenthümlichen, den Leckermäulern angenehmen Trüffelgeruch an, der anfänglich lieblich duftend, und oft Bisamartig, bei größerer Reife schärfer und urinös und bei seiner Überreife oder Rückgange, oder wenn gar Fäulniß und Insektenfraß angesetzt hat, widerlich ist und beinahe dem Geruch der Küheställe gleicht." Ekelhaft ist für Fischer auch der „penetrante knoblauchartige Geruch" der weißen Trüffeln.

In der Tat bietet sich ein weites Spektrum würziger und nachhaltiger Düfte! Champignon, Moschus, Bittermandel, Haselnuss, Knoblauch, Erde, Teer... Der Botaniker Jean-Baptiste Noulet aus Toulouse schildert 1838 schwelgerisch die Wirkungen des Geruchs der Périgord-Trüffel, der stark und durchdringend sei und in dem man in hohem Maße das Aroma der besten Pilze wiederfinde: „Das von diesem Stimulans wie vom Kaffee angenehm erregte Gehirn erfreut sich beachtlicher Fähigkeiten, uns ergreift eine Art geistige Trunkenheit, die nichts mit den vom Alkohol ausgelösten Unannehmlichkeiten zu tun hat, die Eindrücke sind freundlicher, das Herz erweitert sich, Liebenswürdigkeit durchdringt uns." Offenbar eine Droge, denn Noulet vergleicht den Effekt mit dem des halluzinogenen Fliegenpilzes, der früher in Sibirien als Rauschpilz gegessen worden ist.[13]

Auch Schriftsteller Honoré de Balzac fühlt sich kreativ befördert: „Es reicht, wenn nur eine Trüffel in meinen Teller fällt, das ist das Ei, aus dem zehn Personen der ‚Comédie humaine' schlüpfen." Aber der Trüffelduft kann auch sehr lästig sein. „Nicht jeder mag Trüffeln, und es gibt Menschen, die schon ihr bloßer Geruch schaudern lässt", bemerkt 1832 der Pilzexperte und Gastronom Joseph Roques. Das Aroma der Périgord-Trüffel wird in Tests von einigen Personen als angenehm moschus- und vanilleartig bezeichnet, von anderen als unangenehm urinartig. Als ich vor vielen Jahren zum ersten Mal in Frankreich auf Trüffelsuche war und danach eine in Alufolie eingepackte Trüffel nach Hause schickte, hieß es im Postamt von Carpentras freudig: „Ah, la truffe!" Als gar nicht angenehm empfand dann der Postbote in Hamburg den durchdringenden Geruch.

Bei Raumtemperatur verflüchtigen sich die Trüffelaromen innerhalb weniger Tage, bei null Grad hält sich der Geruch mehrere Wochen, verändert sich aber ständig, weil viele der komplexen chemischen Verbindungen sehr instabil sind. Die Trüffelaromen entstehen nach Ansicht des Geschmacks- und Geruchsforschers Prof. Bernhard Tauscher durch Hefen auf den Trüffeln. „Wenn ich eine Trüffel hefefrei halte, dann riecht sie nicht."

Tauscher war Chef der Bundesforschungsanstalt für Ernährung und danach Leiter der Deutschen Gesellschaft für Geschmacksforschung. 92 Aromakomponenten in Trüffeln hat er analysiert, von denen aber nur wenige für unser Duftempfinden entscheidend sind. Für die Wissenschaft gibt es drei Stufen des Geschmacks- und Geruchsempfindens, sagt Tauscher: „Wir haben die Reizschwelle, die Schwelle, wo ich etwas wahrnehme, aber noch nicht weiß, was es ist. Dann kommt die Erkennungsschwelle, da weiß ich, was es ist, und dann kommt die Sättigungsschwelle. Da kann man noch so viel riechen, es wird nicht mehr." Komplexe Duftstoffe wie in Trüffeln seien am interessantesten, wenn sie die Reizschwelle gerade überschreiten, auch knapp die Erkennungsschwelle. „Das macht den Reiz aus, dass man da in einer halb unbewussten Welt lebt."

Die Aromastoffe der Industrie sind viel stärker und einfacher, lassen die Komplexität der Aromen der natürlichen Trüffeln nicht mehr erkennen. „Die Chemie braucht die schnelle Assoziation, wir nennen das Faustschlagaroma", erklärt Tauscher. „Man kann sich nicht gegen solche starken Aromen wehren, man wird verführt. Man müsste eigentlich sagen: Ich mag es nicht, dass mich das anstinkt."

Für die Trüffeln selbst ist der eigene, komplexe Geruch sogar lebenswichtig.

SPURENSUCHE: ANTIKE UND MITTELALTER

Hätten es die Urtrüffeln vor 40 bis 60 Millionen Jahren nicht so schwer gehabt, dann wären unsere Edeltrüffeln nicht so aromatisch und begehrt. Ursprünglich waren auch die Trüffeln oberirdisch wachsende Pilze. Aber dann mussten sie sich im Klimastress wegen zu viel Frost, Hitze und Trockenheit schützen und unter die Erdoberfläche zurückziehen. Um sich dennoch fortpflanzen zu können, bildeten sie verlockende Duftstoffe.

So erklärt der amerikanische Experte James M. Trappe die Entwicklungsgeschichte der Trüffeln. Die Pilze gehören zu den Becherpilzen oder Ascomyzeten. Ihre Sporen (vergleichbar den Samen der Pflanzen) entstehen im Inneren des Fruchtkörpers in mikroskopisch kleinen Schläuchen, den Asci. „Wenn eine Trüffel ihre Sporen reifen lässt, beginnt sie einen Duft abzugeben, ein chemisches Signal an Tiere, dass Nahrung wartet", definiert Trappe.[14] „Die Tiere graben die Trüffeln aus, scheiden die unverdaulichen Sporen wieder aus und sorgen so für die Verbreitung."

In ihrer ökologischen Nische im Boden haben die Trüffeln zwar eine weniger elegante äußere Struktur ausgebildet als andere Pilzarten, aber sie entwickeln dafür komplexere chemische Eigenschaften. Dies wiederum begünstigt die kulinarischen Qualitäten der Trüffel für den Menschen. Fast alle Säugetiere scheinen von reifen Trüffeln angezogen zu werden und essen sie, wann immer sie welche entdecken, schreibt Trappe. „Menschen sind zu den Tieren zu zählen, die gern Trüffeln essen, auch wenn nur wenige der mehrere Hundert bekannten Arten dem menschlichen Gaumen gefallen."[15] Dabei gibt es eigentlich keine Zweifel daran, dass Trüffeln seit jeher gegessen wurden, wenn unsere frühen Vorfahren in der Natur nach Essbarem suchten. Was Wild- und Hausschweine im Wald aus dem Boden gruben, was im Frühling in der Wüste aus dem Sand geweht wurde, konnten auch Menschen finden und probieren, zumal wenn es frische „Gemüse"-Knollen gab, während die Natur noch im Winterschlaf lag.

Die Wissenschaft vermutet die frühesten Trüffelsucher in prähistorischer Zeit in den Zivilisationen in Vorderasien und Afrika. Dort wachsen verschiedene Wüstentrüffeln mit dem lateinischen Namen *Terfezia*, auch als Löwen- oder Kalaharitrüffel bekannt. Sie haben das Image der Trüffeln seit der Antike geprägt, lange bevor die Trüffelarten der Gattung *Tubera* zum Hauptobjekt von Genuss und Begierde wurden.

Dabei sind die außen und innen hellen Wüstentrüffeln eher von schwachem Aroma und fadem Geschmack. Trappe weiß warum: Anders als die im Wald vorkommenden Trüffeln sind Wüstentrüffeln nicht von der Verbreitung durch Tiere abhängig und müssen nicht so stark riechen. Sie wachsen dicht unter der Oberfläche und werden im Frühling und Frühsommer vom Wind freigelegt, der dann die Sporen verbreitet.

Wüstentrüffeln kommen in der Türkei und im südlichen Kaukasus vor, im Iran, in Syrien, im Irak, auf der arabischen Halbinsel und in Nordafrika bis Marokko. Man kennt sie auch aus der Kalahari-Wüste im südlichen Afrika und aus Australien, wo sie von den Aborigines gesammelt wurden. Mit Kamelkarawanen transportierte man früher aus den Wüstengebieten in den arabischen Ländern große Mengen zu den Märkten, auch heute werden sie in guten Erntejahren mit Lastwagen in Städte wie Kuwait-City gebracht.

Die frühesten schriftlichen Belege über Trüffeln stammen aus babylonischer Zeit. In Mari am oberen Euphrat fand man etwa 4000 Jahre alte Tontafeln, die in der Keilschrift der Sumerer von Trüffeln (Kama'tum) berichten.[16] Von „Kama'tum" stammt der arabische Name für die Wüstentrüffel: Kama. Heute gehört das Gebiet zu Syrien. Die Trüffeln wurden in der Steppe gesammelt und von regionalen Offiziellen, die genau über ihre Tätigkeiten und Vorräte „Buch" führten, als Geschenke an den königlichen Palast geschickt, also schon damals als besonders wertvolle Speise angesehen. „Seit ich vor fünf Tagen Saggaratum erreicht habe, habe ich Euch, mein Gebieter, jeden Tag Trüffeln geschickt", lässt ein Gouverneur in eine Tontafel an den König ritzen.[17] Von den Sumerern stammt die älteste bekannte Literatur der Welt. In einem sumerischen Mythos über das Leben der Götter werden Trüffelesser des Nomaden-Volkes der Amuriter verächtlich gemacht: Als der Amuriter-Gott Martu ein Mädchen aus dem hochkultivierten Babylon heiraten will, rät deren Freundin davon ab, einen solchen Barbaren zu ehelichen: „Er ist in Sackleder gekleidet, lebt in einem Zelt in Wind und Regen, kann die Gebete nicht richtig sprechen. Er lebt in den Bergen und kennt die Orte der Götter nicht, er gräbt Trüffeln in den Tälern aus, beugt das Knie nicht (Anm.: zur Landarbeit) und isst rohes Fleisch ..."[18] Das Mädchen heiratete den göttlichen Trüffelsucher trotzdem.

Zu den unbewiesenen Trüffel-Legenden gehört, dass auch der ägyptische Pharao Cheops ein Trüffelliebhaber gewesen sei. Die Trüffeln habe man in Gänsefett gekocht. Der belgische Ägyptologe und Hieroglyphenspezialist Jaques Kinnaer sagt aber, der Begriff Trüffel sei in der Forschung über das alte Ägypten nicht bekannt. [19] Im Talmud, dem jüdischen Gesetzeswerk, werden die in der

Wüste gefundenen Trüffeln mehrfach erwähnt.[20] Der Prophet Mohammed sagt in seiner Hadith-Anweisung 1127, die Trüffeln seien das biblische Manna, das Allah dem Volk Israel bei der Wanderung durch die Wüste sandte. Auch manche moderne Forscher halten diese These für plausibel.[21]

Die Griechen versuchen als Erste, das Entstehen der unterirdischen Knollen zu erklären, an denen man keine Blätter, Wurzeln oder Samen findet. Der Philosoph Aristoteles begründet die sogenannte Urzeugungstheorie, nach der es neben den Samenpflanzen auch andere Gewächse gebe, erzeugt „gleichsam durch ein Selbstschaffen der Natur; denn sie entspringen entweder aus einer fauligen Beschaffenheit der Erde oder aus gewissen faulenden Teilen in den Pflanzen".[22] Sein Schüler Theophrast von Eresos schreibt im 4. Jahrhundert vor Christus in seiner „Naturgeschichte der Gewächse": „Etwas Eigenes erzählt man von diesen Gewächsen: Man sagt, sie entstehen während der herbstlichen Platzregen und heftigen Gewitter, besonders aber während der letzteren. Zur Vollkommenheit gelangen sie im Frühjahr, wenn sie auch genossen werden." Und Theophrast zitiert ebenfalls Spekulationen über Samen: „Indes behaupten Einige, dass sie sich aus Samen erzeugen: denn am Strande bei Mytilene sollen sie nicht eher vorkommen, als bis durch heftigen Platzregen der Same von Tiara hingebracht worden ist."[23]

Im 1. Jahrhundert nach Christus erwähnt der Grieche Pedanios Dioskurides, Militärarzt der Kaiser Claudius und Nero, die Trüffeln in seiner Arzneimittellehre „De materia medica": „Die Trüffel ist eine runde Wurzel, blatt- und stängellos und wird im Frühjahr ausgegraben. Sie ist essbar und wird sowohl roh als auch gekocht gegessen."[24] Ausführlicher befasst sich Dioskurides' Zeitgenosse Gaius Plinius der Ältere in seiner „Naturalis historia" mit den Trüffeln. Manches in den Schriften von Plinius ist interpretationsfähig, manches widerspricht sich, denn der Gelehrte wollte das Wissen seiner Zeit möglichst vollständig aufschreiben, er schuf eine Art erstes Wikipedia mit vielen ungeprüften Quellen, war ein „treues Echo der Vorurteile seiner Zeit", wie der französische Botaniker Louis Planchon meinte.

Plinius schreibt: „Wenn ich einmal von wunderlichen Dingen zu reden angefangen habe, will ich auch gleich darin fortfahren und sagen, was wohl am seltsamsten erscheint. Dass es Pflanzen gibt, die ohne Wurzel entstehen und leben. Sie heißen Trüffeln, sind allenthalben von Erde umgeben, weder mit Fasern noch mit Haaren besetzt; die Erde, in welcher sie wachsen, zeigt weder Erhabenheiten noch Risse; sie selbst hängen nicht mit der Erde zusammen, werden auch von einer Hülle umschlossen, daher man sie wohl nicht Erde, sondern einen Auswuchs der Erde nennen kann. Sie wachsen fast immer an trockenen, sandigen und strauchigen Plätzen, erreichen oft die Größe einer Quitte und die Schwere von einem Pfund. Es gibt zwei Arten, eine reine und eine sandige, welche den Zähnen schadet; die rötliche, schwarze und innen weiße Farbe liefern die Unterscheidungsmerkmale. Die Beste wächst in Afrika."[25]

Plinius ist die Trüffel irgendwie unheimlich: „Ob dieses Übel der Erde (denn als etwas anderes kann man es wohl nicht betrachten) wirklich wächst, oder von Anfang an dieselbe kugelartige Ausdehnung hat, wie es später erscheint, ob es lebt oder nicht, ist meiner Meinung nach schwer zu entscheiden." Er berichtet, dass ein römischer Gerichtsbeamter, der Prätor Lartius Licinius, auf eine Münze in einer Trüffel biss und sich daran die Vorderzähne krumm bog: „Dieser Vorfall beweist offenbar, dass die Erde selbst solche Ballen bildet."

Plinius' Zeitgenosse Plutarch, ein griechischer Schriftsteller, lässt die Entstehung der Knollen bei einem Gastmahl diskutieren, zu dem Trüffeln von außerordentlicher Größe aufgetragen wurden. „Es fanden sich einige, welche sagten, der Donner spalte die Erde und bediene sich dazu der Luft wie eines Keiles. Die Leute, welche Trüffeln suchten, entdecken sie dann vermittels dieser Erdritzen".[26] Plutarch kommt schließlich zu der Ansicht, „dass das Wasser, welches während eines Gewitters herabfällt, mehrentheils eine fruchtbar machende Kraft besitzt".

Ein Jahrhundert später befasst sich der griechische Arzt Galenos von Pergamon mit dem Wert der Trüffeln als Nahrungsmittel. Seine Einteilung beruht auf der Säftelehre des Arztes Hippokrates (ca. 460 bis 370 v. Chr.) und seiner Schüler: So, wie die Natur aus den vier Elementen Luft, Feuer, Erde und Wasser besteht, werden der menschliche Körper und seine Zustände von vier Säften bestimmt: Blut, gelbe Galle, schwarze Galle und Schleim. Ein Mensch ist gesund, wenn die vier Säfte ausgewogen vorhanden sind, und er wird krank, wenn ihr Gleichgewicht gestört ist. Jeden Saft ordnet Galenos als warm oder kalt sowie trocken oder nass einem der vier Elemente zu. Und die Trüffeln? Sie gelten Galenos als geschmacklos und ähnlich „kalt" wie der Kürbis. Man könne sie nur benutzen, damit sie bei der Zubereitung andere Gewürze aufnehmen, vermerkt er in seiner Schrift über die Kräfte der Nahrungsmittel.[27]

Alle diese Überlegungen galten den Wüstentrüffeln aus den afrikanischen und vorderasiatischen Steppen. Den ersten Hinweis auf andere Trüffelarten gibt ein Dankesbrief des heiligen Ambrosius von Mailand vom Ende des 4. Jahrhunderts an seinen Freund, den heiligen Felix und Bischof von Como: „Du hast mir Trüffeln geschickt, und zwar so kolossale, dass ihre wunderbare Größe Erstaunen hervorruft."[28] Das können eigentlich nur frische Trüffeln aus Norditalien gewesen sein.

Trüffelabbildungen aus der Antike sind nicht bekannt, die älteste Darstellung findet sich in einem Renaissance-Stundenbuch aus der Lombardei aus dem Jahr 1390. Auf dem Blatt in dem farbig ausgemalten Gesundheits-Hausbuch „Tacuinum sanitatis" ist eine hügelige Landschaft mit dicken schwarzen Trüffeln auf dem

Boden zu sehen. Eine Eiche steht neben anderen Bäumen am Rand. Noch älter ist ein etwa 1339 entstandenes Fresko von Ambrogio Lorenzetti im Palazzo Pubblico in Siena, auf dem ein Bauer eine Sau durchs Gelände führt. Trüffeln sind nicht zu sehen, doch das Schwein wird von einem Bauern an der Leine geführt: Sehr wahrscheinlich handelt es sich dabei um einen Trüffelsucher.[29]

Im Kräuterbuch „Ortus sanitatis“ (Gart der Gesundheit), einem in Mainz erschienenen Wiegendruck aus dem Jahr 1491, findet sich neben dem Trüffelartikel

TACUINUM SANITATIS:
ERSTE DARSTELLUNG EINER TRÜFFELSUCHE

ein Holzschnitt, auf dem ein Mann in der Mönchskutte einen Teller mit dampfenden Knollen hält – möglicherweise die erste gedruckte Abbildung von Trüffeln. Der Text zitiert Plinius, dessen Wissensstand sich bis in das Mittelalter (500 bis 1500) hält und auch noch die Wissenschaftler der Neuzeit beeinflusst. „Der Humus, mit dem Gärungsstoff des himmlischen Feuers getränkt, ballt sich zusammen und wächst mithilfe der Wärme zu Trüffeln heran", fabuliert der französische Arzt Jean Ruel in seinem 1536 erschienenen pharmazeutischen Pflanzenlexikon „De natura stirpium".[30] Der süddeutsche Botaniker und Arzt Hieronymus Bock meint 1546: „Die Schwemme sind weder Kreutter noch Wurtzelen, weder Blumen noch Samen, sondern eitel überflüssige Feuchtigkeit der Erden, der Bäume, der faulen Höltzer und anderer faulen Dingen. Von solcher Feuchtigkeit wachsen alle Tubera und Fungi."[31]

Der arabische Reisende und Geograf Leo Africanus gibt der Wüstentrüffel gegen 1530 in seinen Reisebeschreibungen aus Nordafrika den Namen Terfez: „Man kann sagen, dass die Terfez eher eine Knolle als eine Frucht ist, sie ähnelt der Trüffel, ist aber größer und hat eine weiße Rinde." Demnach unterscheidet der Geograf, der von 1518 bis 1530 in Italien lebt, die Wüstentrüffeln offensichtlich von schwarzen Trüffeln, die erst ein Vierteljahrhundert später erstmals in Italien erwähnt werden sollen.

1554 erscheint dort das erste Buch, das sich ausschließlich und ausführlich mit Trüffeln befasst. Autor des „Opusculum de tuberibus" ist der 22 Jahre alte Arzt und Schriftsteller Alfonso Ceccarelli aus Umbrien, der sich auf dem Titelblatt des Buches Ciccarelli schreibt. Die umbrischen Trüffeln waren damals in ganz Italien berühmt. Ceccarelli unterscheidet vier schwarze Trüffelarten, deren Inneres weiß, grau, braun oder schwarz sei. Die innen und außen schwarzen seien die bei Weitem besten. Der Autor liefert interessante eigene Beobachtungen über Trüffeln sowie eine erste Kulturanweisung. Er zitiert viele klassische und zeitgenössische Quellen, andererseits schiebt er verschiedenen Autoren auch erfundene Aussagen unter.[32] Ihn erwartet ein schreckliches Ende, denn er wird 1583 als größter Fälscher der Renaissance hingerichtet, weil er zahlreiche alte Schriften, Urkunden und Testamente fälschte.

Ernsthaftere Wissenschaft betrieb der Arzt und Botaniker Pietro Andrea Matthioli (lat. Matthiolus), der ebenfalls im Jahr 1554 einen Kommentar zu den Werken des Griechen Dioskurides veröffentlicht. Darin wird erstmals deutlich erkennbar eine schwarze Trüffel mit der rautenförmig gezeichneten Außenhaut abgebildet. Matthiolus fasst das botanische Wissen des Altertums zusammen und ergänzt es durch eigene Beobachtungen.

Um dem Ursprung der Trüffeln aber wirklich auf den Grund zu kommen, um ihre Samen oder Sporen zu entdecken, bedurfte es der Erfindung des Mikroskops.

NAMEN: VON TRÜFFELN UND TARTUFFELN

Im 16. Jahrhundert scheint die Verwirrung über die Bezeichnung der Trüffeln komplett. Das Wort Trüffel stammt von tufer, aus einem mittelalterlichen Latein-Dialekt. Daraus wurde französisch truffe, spanisch trufa, italienisch truffa und englisch truffle. Erst 1715 tauchte das französische „truffe" in Deutschland im „Frauenzimmer-Lexikon" auf und wurde später zu Trüffel.[33] Matthiolus zitiert 1554 bei der Beschreibung der *tubera* den deutschen Namen Hirtzbrunst, womit die eigentlich gar nicht zu den echten Trüffeln zählende Hirschtrüffel gemeint ist. In der deutschen Ausgabe des Matthiolus von 1590 heißen die *tubera* Erdmorcheln. In der Provence hielt sich daneben der auch heute noch gebräuchliche Name „Rabasse".

Dazu kam die schwierige Unterscheidung zwischen Kartoffel und Trüffel. 1505 nannte der französische Übersetzer des italienischen Kochbuchs „De honeste voluptate" (1474) von Platina sein Trüffelkapitel „Des truffes ou tartoufles". Die Kartoffel kam jedoch erst 1560 aus Amerika nach Spanien. Von dort erhielt der Papst in Rom eine Knolle, und 1588 schickte der Vatikan dem Naturforscher Carolus Clusius ein Exemplar. Clusius gilt als einer der Begründer der Pilzkunde und wird auch „Vater der Kartoffel" genannt. Er beschreibt sie 1601 in seiner „Rariorum plantarum historia" als *Papas peruanorum* mit dem Hinweis, in Italien würden sie taratouffli genannt. Trüffeln erwähnt Clusius nicht. In Frankreich hieß die Kartoffel in mehreren Regionen um 1600 tartoufle oder cartouffle.

Der Historiker Jean-Louis Flandrin hat gezeigt, dass in französischen Kochbüchern des 16. und 17. Jahrhunderts unter Kartoffeln eher Trüffeln zu verstehen sind.[34] Seine spannende Beweisführung beginnt mit vier „tartoufle"-Rezepten aus dem Werk „L'ouverture de cuisine" von 1604. Autor des seltenen Buches war Lancelot de Casteau, Küchenchef der fürstlichen Bischöfe von Lüttich. Beim Bankett zur Einführung des Adligen Robert de Berges als Bischof und Fürst von Lüttich im Jahr 1557 ließ er „Tartoufle bouillie" servieren – das mussten gekochte Trüffeln sein, denn die „Papas" aus Peru kamen ja erst 1560 in Europa an. Die Verwechslung dauerte noch lange, auch im Niederländischen, wo der Kochbuchautor Antonius Magirus in seinem „Keukenboec" die Trüffeln als tartuffles oder tartoefels bezeichnet.[35]

Molière ersann als Theaterdichter am Hofe Ludwigs des XIV. den Charakternamen Tartuffe für einen Scheinheiligen. 1664 erschien sein gegen die frömmelnde Heuchelei der Zeit geschriebenes Bühnenstück „Tartuffe oder der Betrüger". Molière soll nach einer Legende auf den Namen gekommen sein, als er den Beichtvater des Königs ein Trüffelgericht genießen sah. Sprachlich gibt es viel ältere Bezüge. „Truffe" und „trufferie" steht im Wörterbuch „Thresor de la langue françoyse" von Jean Nicot aus dem Jahr 1606 für Spott oder Hohn.

„Lange vor dem Tartuffe von Molière weckte die Trüffel Assoziationen der Täuschung, Mystifizierung, des Spotts und des Schwindels", schreibt der niederländische Historiker Rengenier C. Rittersma.[36] Der in Deutschland lebende Trüffel-Forscher erinnert daran, dass schon die griechische Trüffelbezeichnung hydnon Geschwulst und auch Aufgeblasenheit bedeutet. Die Bezeichnung Tartuffe beruht demnach auf jahrhundertealten Assoziationen. Im Roman „Satyricon" von Petronius aus der Zeit von Plinius, im 1. Jahrhundert nach Christus, ist Trüffel sogar ein Schimpfwort. Bis ins Mittelalter haben auch das italienische truffa und das französische truffe laut Rittersma vor allem Täuschung bedeutet, bevor truffe dann wieder konkret die Trüffel gemeint habe. Im deutschen Universal-Lexikon von Zedler, das ab 1732 erschien, wird Truffe als Betrügerei genannt, weil diese so rätselhaft ohne Kraut wachsende Wurzel „einen gleichsam betrüget". In Frankreich nennt man am Ende des 19. Jahrhunderts einen Menschen „trufferé", wenn er betrügt wie ein Trüffelhändler. Diese Bedeutung hat „truffe" in Südfrankreich auch heute noch. Umgangssprachlich steht die Knolle aber auch für eine dicke Nase. „Se piquer la truffe" heißt, sich einen auf die Nase gießen, sich besaufen.

Zedlers Lexikon handelt die Trüffel unter „Erdt-Apfel" ab, was zu weiteren Verwechslungen mit Kartoffeln führen konnte. Außerdem gibt es bei Zedler *Tuberibus terrae* (Erdtrüffeln) unter dem Stichwort „Hirsch-Schwämme, (Ungerische) oder auch Truffeln genannt". Hierzu zählen in dem Lexikon nicht nur die Hirschbrunst, sondern auch die Wurzeltrüffeln, die 1682 von Mentzel als „Erdtrüffeln mit der Form menschlicher Hoden" beschrieben wurden, sowie die Weißtrüffeln oder Deutsche Trüffeln der Gattung Choiromyces. Der Naturforscher Brückmann hatte diese 1725 ausführlich beschrieben.[37]

Nach Form und Farbe der schwarzen Knollen wurden schließlich runde Schokoladentrüffeln und Trüffelpralinen benannt. Getrüffelt ist zudem ein Synonym für eine begehrenswerte und schmackhafte Füllung – auch Exemplare von alten Büchern mit Beigaben wie handschriftlichen Briefen oder mit Originalillustrationen sind „getrüffelt" und damit besonders wertvoll. In Frankreich heißt die schwarze Hundenase „petite truffe", kleine Trüffel. Redensartlich wird der Trüffelhund in Deutschland zur Spürnase. In Grimms Deutschem Wörterbuch findet man das Zitat „die Wahrheit erschnüffeln wie ein guter Trüffelhund".

Manche findige Firma nennt sich gern Trüffelschwein. Bei diesem Begriff klingt noch das Glück mit, das Mensch und Tier bei der Trüffeljagd suchen – obwohl die Sau kaum „Schwein hat", weil ihr der Mensch den leckeren Bissen ja sofort wegnimmt.

Trüffelsprichwörter und Redensarten zählen die französischen Trüffelexperten Jean Rebière und Jean Pagnol auf, einige finden sich im „Deutschen Sprichwörter-Lexikon" von Wander:

„Eine gute Trüffel muss schwarz sein wie die Seele eines Verdammten."
„Es gibt mehr Dumme auf der Erde als Trüffeln im Paradies."
„Wer Trüffeln findet, darf sie deshalb noch längst nicht essen."
„Er lügt wie ein Trüffelsucher."

Eine große Trüffelliebhaberin war die Schriftstellerin Colette:
„Wenn ich einen Sohn zu verheiraten hätte, würde ich ihm sagen: Hüte dich vor dem jungen Mädchen, das weder den Wein, noch die Trüffel, weder Käse noch Musik mag!"

Der Dichter Heinrich Heine hat Trüffeln und Frauen lieber zum Genießen:
„Unter uns gesagt, einer schönen Frau schreiben scheint mir eben so thörigt als wenn ich mit einer straßburger Pastete in Correspondenz treten wollte. Jedes Ding in der Welt will auf seine eigne Weise genossen seyn. Jene schönen Augen deren Glanz unser Herz erfreut, und jene Trüffelpastete deren Duft uns begeistert – sie verlieren gar sehr in der Ferne."[38]

Der französische Schriftsteller Jean-Louis Vaudoyer meint:
„Es gibt zwei Typen von Trüffelsuchern, die einen glauben, sie ist gut, weil sie teuer ist, und die anderen wissen, dass sie teuer ist, weil sie gut ist."

Der Berliner Schriftsteller Heinrich Seidel klagt:
„Die Trüffel reift in Frankreichs Gauen
Verborgen in der Erde Schoos,
Allein für mich, auf märk'schen Auen
Wächst die Kartoffelknolle blooss"

Der Dichter Joachim Ringelnatz mahnt zur Demut:
Du altes Schwein im Trüffelbeet, Weißt du auch stets, wie gut's dir geht?

Der Trüffel-Historiker Rengenier C. Rittersma findet ein eigenes Motto:
In vino veritas, in tuberi fraus: Im Wein liegt Wahrheit, in Trüffeln Täuschung.

MOLIÈRE (1734): OEUVRES, STICH VON BOUCHER

PAULET (1790–1808): TRÜFFELARTEN

LUST: DIE LEGENDE VOM APHRODISIAKUM

Verleiht die Trüffel mehr Lust und größere Potenz? Zur Faszination der rätselhaften Pilze gehört seit Jahrtausenden die Mär vom Aphrodisiakum. Wir machen einen Ausflug in das Reich der Legenden und versuchen zu erkunden, woher der immer noch wirksame Ruf der Trüffel als Sexmittel stammt.

Aphrodisika zur Stärkung der Libido sind nach Aphrodite benannt, der schaumgeborenen griechischen Göttin der Liebe. Schon Hunderte von Pflanzen sind im Lauf der Geschichte und zu Unrecht zu Liebesmitteln erklärt worden. Das regt die Nachfrage an – „Sex sells", schon immer. Als Erster soll der Grieche Philoxenes von Leukadia (ca. 435 bis 380 v. Chr.) die Trüffeln als potenzsteigerndes Mittel empfohlen haben. Philoxenes kommt als legendärer Vielfraß in einem Komödienfragment vor, das vom antiken Schriftsteller Athenaios von Naukratis überliefert worden ist. Der Autor des Fragments, ein *„Plato comicus"*, lässt eine Bühnenfigur aus einem angeblichen Kochbuch des Philoxenes mit dem schon damals modern klingenden Titel „Die neue Küche" zitieren: „Backe die Knollen in Asche, übergieße sie mit Sauce, und dann esse so viel wie möglich davon. Das wird den Schwanz eines Mannes stärken!"[39] Trüffeln als frühes Viagra! Die Komödie wurde 391 vor Christus uraufgeführt, sie dreht sich um den schönen jungen Phaon, einen „aphrodisischen Dämon, nach dem die Weiber lüstern sind".[40] Besonders den Franzosen gefiel das Zitat: „Esst viele Trüffel, in Asche gebacken und gut von Sauce durchzogen, es gibt nichts Besseres für das Liebesspiel", übersetzt 1789 frei der Franzose Lefebvre de Villebrune.[41]

Aber was sind das für Knollen, und hat es den Text von Philoxenes je gegeben? Das Kochbuch des Philoxenes ist wohl nie geschrieben worden. Es war nach dem heutigen Stand der Forschung bloß eine Erfindung in dem Theaterstück von Plato comicus. Und in diesem Text heißt es griechisch nicht hydnon (Trüffel), sondern bolboi (Knolle). Völlig neu hat Dr. Serena Pirrotta von der Universität in Göttingen diese Stelle übertragen und ein knolliges Lauchgewächs erkannt: „Den Schnittlauch bewältige mit der Asche, tunke ihn in die Sauce, und dann iss davon, soviel du kannst. Er hebt das Ding der Männer empor."[42] Der englische Forscher Andrew Dalby ist dagegen davon überzeugt, dass bolboi die Traubenhyazinthe *Muscari comosum* meint, wegen ihres Dufts auch Bisamhyazinthe genannt.

„Die ist essbar", so erklärt er mir auf Nachfrage, „gut mit Knoblauch und Buttersauce, wie Schnecken, und sie hatte einmal ein hohes Ansehen als Aphrodisiakum. Aber es ist keine Trüffel."[43] Kaum verlässlich scheint auch die oft zitierte These, der Arzt Galenos von Pergamon habe die Trüffel im 2. Jahrhundert als liebesfördernd bezeichnet und sie deshalb Kaiser Marc Aurel verschrieben. Die Quelle dafür liegt im Dunkel. Galenos musste offenbar für vieles herhalten.

Das Renommee der Lust belebenden Trüffel findet sich auch noch in den frühen Kräuterbüchern der Neuzeit. Dabei gibt es schon 1586 heftigen und prominenten Widerspruch. Laurent Joubert, Kanzler der berühmten medizinischen Fakultät von Montpellier und später einer der Ärzte des Königs, wettert in einem Buch gegen „populäre Irrtümer in Medizin und Gesundheitswesen". In der offenen Sprache der Zeit widerspricht er der Ansicht, Austern und Trüffeln machten den Mann fruchtbarer und förderten den Samenfluss.[44] Um „Munition" zu produzieren, müsse der Mann vielmehr Fleisch essen. „Wenn sich jemand nur in Wallung bringen will, warum benutzt er dann nicht lieber gute Gewürze, Hippocras [Anm.: ein Gewürzwein mit Zimt und Pfeffer], Senf oder Knoblauch, die so offensichtlich mehr als alles andere erhitzen", anstatt sich mit Austern und Trüffeln zu amüsieren? „Trüffeln", so spottet der Arzt, „können Winde und unanständige Blähungen hervorrufen, ebenso wie Austern. Das kann Menschen wollüstiger machen, aber auf keinen Fall fruchtbarer. Ich fürchte eher, dass sie zu Unfruchtbarkeit führen, denn in Wahrheit machen die Wollüstigsten die wenigsten Kinder."

Nun, vielen Menschen, Austern- wie Trüffelliebhabern, mag es genügt oder sogar gefallen haben, dass „nur" Wollust hervorgerufen wird, ohne dass man gleich Kinder zeugt. Aber Jouberts Warnungen werden ohnehin ignoriert. Noch im 100 Jahre später gedruckten französischen Medikamentenlexikon von 1698 wird über die „truffes" aus Frankreich und Italien befunden: „Sie stärken den Magen, kräftigen, nähren und regen den Samen an."[45]

Manche greifen damals wohl ohnehin zur Hirschtrüffel, dem entfernt mit den Speisetrüffeln verwandten Pilz Elaphomyces granulatus. Er wächst auch in nördlicheren Gefilden bei Kiefern und Eichen und wird oft vom Wild aus dem Boden gescharrt. „Man hat vordem geglaubet, sie [...] entstünden aus dem Saamen des Hirsches, den dieser zur Zeit der Brunst auf die Erde fallen ließe", heißt es im Universal-Lexikon von Zedler.[46] Zur Zeit der Ordensfrau Hildegard von Bingen noch als gefährlich eingestuft, wird der Pilz später viel als Arzneipilz verwendet.

Hirschbrunstpulver wurde in zahlreichen Apotheken geführt.[47] Im deutschen Matthiolus-Kräuterbuch von 1586 heißt es, der Pilz „hat eine Krafft, damit er die unkeuschen Glieder und den Venushandel stärkt", natürlich kam etwas Pfeffer dazu. Die Weiber im alten Rom mischten ihn demnach in Liebestränke.[48] Als

Medikament werden Hirschtrüffeln „bei schwerer Geburth und Mutter-Kranckheit" verschrieben, auch zur Blutreinigung, „dahero sie zur Pest-Zeit sehr gerühmet werden", berichtet Zeller. Außerdem werde der Pilz vielen stärkenden und aphrodisierenden Medikamenten beigemischt.

Der Wissenschaftler Brückmann hat 1721 sogar vermutet, dass die Pflanze Dudaim, die in der Bibel von der unfruchtbaren Rachel benutzt wird, um schwanger zu werden, nicht Mandragora war, die Alraune, sondern eine Trüffel.[49] Von dieser Theorie berichtet auch der Schweizer Naturforscher Johann Jakob Scheuchzer, der die Bibel naturwissenschaftlich zu erklären versuchte. In seiner Kupfer-Bibel von 1731 heißt es, die Trüffel habe die runde Gestalt der Brüste und „wächst öfters aus wie Brust-Wärtzlein, inwendig ist sie luftig und schwammicht, und soll ebenfalls zur Liebe reitzen".[50]

Der Bologneser Chemiker und Arzt Léonardo Fioravanti kocht im 16. Jahrhundert am spanischen Hof ein Liebeselixier aus Trüffeln. „Man nehme vier Pfund geschälte Trüffeln, ein Pfund Melisse, acht Pfund Benediktenkraut [Anm.: eine als Heilpflanze bekannte Distelart]." Man koche die Mischung in Wasser, presse sie aus und destilliere den Saft, der dann mit Zucker, Honig- und Weinbrand, etwas Rosenwasser und Moschus vollendet werde. „Man kann die Wirkung nicht garantieren, aber doch annehmen, dass sie denen Hitze gibt, denen sie fehlt", bemerkt der französische Arzt und Pilzforscher Jean-Jacques Paulet, der das Rezept 1790 wiedergibt.[51]

Immerhin gilt die Trüffel im 16. Jahrhundert nicht nur als Potenzmittel für Männer, sondern auch als anregend für Frauen, wie der Klatsch-Schriftsteller Pierre de Brantôme in seinem Werk über die Welt der wenig sittsamen „Dames galantes" schreibt: „Nun aber kommen die Früchte des Sommers, die doch eigentlich unsere ehrsamen, heißblütigen Damen abkühlen müssten. Das Schlimme bei der Sache ist, dass es wohl Früchte gibt, die abkühlen können, aber auch eine ganze Menge anderer, die auch ebenso einheizen, und gerade diese werden von unseren Damen ganz besonders bevorzugt, als da sind Spargel, Artischocken, Trüffeln, Morcheln, Räßlinge, Steinpilze und junges Fleisch ..." Man hüte sich also vor den geilen Weibern: „Sind diese guten Mahlzeiten vorbei, dann habt Acht, ihr armen Liebhaber und Ehemänner."[52]

Der Deutsche Theodor Christian Ellrodt berichtet in seinem Pilzbuch „Schwamm-Pomona" von 1800, dass die Liebhaber von „sublimer Kochkunst die Trüffeln frisch und in Scheibchen geschnitten, oder getrocknet theuer bezahlen und als eine Delikatesse verspeisen". Er weiß auch, wer die Trüffeln besonders begierig genießt: „alte entnervte Wollüstlinge und jugendliche Greise in den höheren Ständen." Man solle diesen „Patienten" aber nur eine sehr mäßige Portion geben, um nachteilige Folgen für die Gesundheit zu vermeiden. Durch einen übermäßigen Gebrauch dieser Schwämme sei schon „allerley Übel und wohl gar der Tod herbey geführt worden".

Es gab Phasen, da wurden die Trüffeln für allerlei böse Krankheiten verantwortlich gemacht und andere, wo sie als Heilmittel galten. 1766 zitiert der Mediziner Pennier de Longchamp den im Jahr 1037 gestorbenen persischen Arzt Avicenna, der die Trüffeln für gefährliche Krankheiten wie Schlaganfälle, Lähmungen, Ersticken und Magenschmerzen verantwortlich machte.[53] Eigentlich seien die Trüffeln wohl leicht verdaulich, aber sie würden durch die Zubereitungsarten weniger bekömmlich, meint Pennier. Diese Ansichten werden noch in den Kräuterbüchern des 16. Jahrhunderts wiederholt. Andererseits werden Trüffeln später gegen Müdigkeit verschrieben und als eines der vielen unwirksamen Mittel gegen die Cholera vorgeschlagen.[54] Der Pilzforscher und Gourmet Joseph Roques gibt zum Besten, wie ein völlig erschlaffter Mensch von seinem Arzt mit einer mehrtägigen Diät von getrüffelter Drosselpastete geheilt wird, zu der er stets ein Glas Léoville oder Château Margaux trinken soll. Über die moderne Verwendung in der Pharmakologie berichtet Gabriel Callot in einer Studie des französischen Inra-Forschungsinstituts von 1999: Japanische und chinesische Forscher wollten Inhaltsstoffe von *Tuber melanosporum* als Krebsmittel und zur Alzheimer-Therapie einsetzen.[55]

Die angeblich die Potenz stärkenden Trüffeln tauchen immer wieder in den Geschichten über die französischen „Royals" auf. So in der Legende von der Geburt von König Heinrich IV. im Jahr 1553, die Bernard Duplessy im „Livre de la truffe" erzählt: Heinrichs Mutter, die Königin von Navarra, sei mit einer Trüffelkur auf die Schwangerschaft vorbereitet worden. Am 13. Dezember wird Heinrich im südfranzösischen Pau geboren, neun Monate nach der letzten Trüffelsaison. Das angebliche „Trüffelkind" selbst soll eine Vorliebe für Knoblauch gehabt haben. Ihm folgte ab 1610 Ludwig XIII., der wiederum als Trüffelliebhaber gilt. Der kranke und schließlich zahnlose Ludwig XIV. soll Trüffeln gegen den Willen seines Arztes in Mengen verschlungen haben.

Auch von Kaiser Napoleon gibt es die hübsche Mär, dass sein lang ersehnter Sohn einer Trüffelmahlzeit zu verdanken sei. Der Kaiser hatte sich wegen Kinderlosigkeit von Joséphine de Beauharnais scheiden lassen und Marie-Louise von Habsburg geheiratet, die auch „erst" nach zwei Monaten Ehe schwanger wurde. Alexandre Martin erzählt in seinem „Manuel de l'amateur des truffes" (1828), der Kaiser habe beim Schwatz mit Offizieren einen Adjutanten aus Sarlat im Périgord getroffen, der vor der Zeugung jedes seiner 19 Kinder eine Trüffelpoularde mit Champagner verzehrt habe. Der Kaiser bestellte daraufhin bei seinem Präfekten die beste Truthenne vom Markt in Sarlat im Périgord, dazu „une bouteille de vin de Champagne mousseux" – und einen Monat später war die junge Kaiserin in anderen Umständen. Zweifel sind angebracht: Der Sohn wurde Ende März 1811 geboren, und Zeitpunkt der Zeugung im Juni 1810 war im Périgord keine Trüffelsaison.

Später melden sich zum Thema Aphrodisiakum mehr und mehr Skeptiker, ohne den schönen Mythos ganz aufzugeben. Wie hatte die Expertenrunde des Gastrosophen Brillat-Savarin geurteilt? „Die Trüffel ist keineswegs ein wirksames Aphrodisiakum, aber sie kann in gewissen Situationen die Frauen nachgiebiger und die Männer liebenswürdiger machen." Pilzforscher Joseph Roques erweist sich als lernfähig. 1821 schreibt er in seinem Giftpflanzenbuch „Phytographie médicale" über die Trüffeln: „Jedermann kennt im Übrigen ihre stimulierende und aphrodisische Wirkung." Elf Jahre später tut er das in seiner „Histoire des Champignons" ab: „Was man über gewisse Vorzüge der Trüffel gesagt hat, das ist für mich alte Geschichte."

Die deutsche Enzyklopädie von Krünitz formuliert 1846 vorsichtig: „Man schrieb ihnen ehemals allgemein die Kraft zu, den Geschlechtstrieb zu stärken." Der aus dem trüffelreichen Département Vaucluse stammende Arzt Camille Ferry de la Bellone stellt dann 1888 anhand seiner Erfahrung kategorisch fest, dass Trüffeln kein Sex-Medikament seien. Vielleicht könnten die Trüffeln mit ihrer hodenartigen Form verborgene Qualitäten suggerieren, meint der Arzt. „Die Trüffel kann nur zu den Fähigkeiten derer beitragen, die besitzen. Sie bedeutet keine Hilfe mehr für diejenigen, die ihr Kapital als gute Familienväter schlecht verwaltet und ruiniert haben." Letztlich handele es sich doch wohl um Autosuggestion – also ein Placeboeffekt?

Zu schön erscheint dennoch der Ruf der Trüffeln als Liebesmittel. „Worin aber besteht das allgemein anerkannte und geschätzte Verdienst der schwarzen Majestät?", fragt 1894 das „Appetit-Lexikon" aus Wien.[56] „In erster Linie sicher in dem wundervoll würzhaften und zugleich picanten Dufte, mit dem sie die Nase kitzelt, und auch die ihr zugesellten Stoffe aromatisirt, aber doch nicht in diesem Dufte allein, sondern in dessen enger Verbindung mit angenehmem Geschmack, leidlichem Nährwerth, ziemlicher Verdaulichkeit und dem Rufe – daß sie der Liebe günstig sei." Es folgt pikanter Tratsch: „Vom Dasein dieser letztgedachten Eigenschaft war man während des 17. Jahrhunderts in der Provence so fest überzeugt, dass die Sitte es den Damen als Verbrechen anrechnete, wenn sie in Herrengesellschaft Trüffeln speisten." Tröstlicher Schluss: „So ängstlich ist die Welt glücklicherweise schon lange nicht mehr."

Nun, bis heute ist die aphrodisierende Wirkung nicht nachgewiesen. Immerhin sind die Sauen scharf auf Trüffeln, deshalb freuten sich die Medien im Jahr 1981 über einen neu entdeckten „Sex-Duftstoff in Trüffeln". Der Agrarwissenschaftler Rolf Claus von der TU Hohenheim und zwei Kollegen hatten festgestellt, dass in den Aromastoffen der Périgord-Trüffel Androstenol enthalten ist, ein nach Moschus riechendes Pheromon, das auch in den Hoden von Ebern entsteht.[57] Der dem Testosteron ähnliche Stoff regt die Sauen zur Paarung an, wenn sie ihn im Schaum an der Schnauze der Eber riechen. Diese Verbindung und ähnliche Steroide kämen auch im Achselschweiß und im Urin vor, so stellen die Forscher fest.

Die These vom Testosteron in der Trüffel als Lockstoff für Mensch und Schwein wird zur gern geglaubten Gewissheit, bis sie neun Jahre später widerlegt ist. Wissenschaftler unter Leitung von Thierry Talou von der Universität in Toulouse finden 1990 heraus, dass sich Trüffeln gar nicht durch Androstenol verraten, sondern durch den Aromastoff Dimethylsulfid, eine flüchtige Schwefelverbindung. Für die Tests lassen die Forscher ein bewährtes Trüffelschwein und mehrere Trüffelhunde nach Proben suchen, darunter den Champion eines Trüffelhund-Wettbewerbs. Alle erschnuppern vergrabene reife Trüffeln und auch Dimethylsulfid in Öl, keines der Tiere aber die vergrabenen Androstenolproben.[58] Inzwischen haben Forscher der Universität Birmingham auch in Tests überprüft, dass das Androstenol im Achselschweiß von Männern gar kein besonderer Sex-Lockstoff für Frauen ist.

Auch das Dimethylsulfid ist ein sexueller Duftstoff für manche Tiere und wird von Hamsterweibchen als Lockmittel eingesetzt. Für den Menschen und besonders Männer könnte die Schwefelverbindung nach Ansicht des Geschmacks- und Geruchsexperten Prof. Bernhard Tauscher attraktiv sein, weil darin „Anklänge an fäkale Noten" enthalten sind wie in manchen Parfums. „Das Dimethylsulfid assoziiert die fäkale Note, gerade so, dass man es merkt, aber nicht erkennt", sagt Tauscher, der die Deutsche Gesellschaft für Geschmacksforschung leitet.

Der Mythos der Trüffel als Aphrodisiakums beflügelt noch heute die Fantasie. Erst rankte er sich um die Wüstentrüffel, dann wertete er die schwarzen und weißen Edeltrüffeln sowie sogar Sommer- und Burgundertrüffeln auf. Wer das Internet durchsucht, findet zahllose Hinweise auf die Trüffel als Sexmittel, immer wieder werden Philoxenes oder Galenos als Quelle zitiert und kopiert, auf Trüffel- und Tourismusseiten oder in Wikipedia-Artikeln. So gut wie niemand glaubt dabei wirklich an eine nachweisbare potenzsteigernde Wirkung der Trüffeln, aber der „soziale Code" funktioniert: „Wer Trüffeln serviert, sendet damit eine besondere Botschaft aus", sagt Trüffelhändler Pierre-Jean Pébeyre.

Schon der venezianische Frauenheld Giacomo Casanova (1725-1798) nutzt Trüffeln als Mittel der Verführungskunst. In seinen Memoiren schildert er, wie er die 19-jährige Armelline und ihre Freundin bezirzt: „Die Austern und der Champagner haben ihre natürliche Wirkung, und wir hatten ein köstliches Abendessen. Wir bekamen Stör- und einige köstliche Trüffeln, die ich weniger für mich selbst genoss, sondern wegen des Vergnügens, mit denen meine Begleiterinnen sie verschlangen. Ein verliebter Mann hat eine Art Instinkt, der ihm sagt, dass der sicherste Weg zum Erfolg darin besteht, dem geliebten Objekt Vergnügen zu bieten, die neu für es sind."[59]

GRIMOD DE LA REYNIÈRE (1803):
FEINSCHMECKER-AUDIENZ

Les audiences d'un Gourmand.

Dunant del. Grimod de la Reynière inv. Mariage Sc

SCHWEIN UND HUND: IMMER DER NASE NACH

Die Wüstentrüffeln der Sumerer, Griechen und Römer konnten im Frühjahr mit bloßem Auge entdeckt werden. Kleine Risse im kargen Boden am Rande der Wüsten lassen die Standorte der Terfezia-Arten erkennen. Für die echten Trüffeln braucht es feinere Nasen, die von Schweinen und Hunden oder auch von außergewöhnlichen Menschen. Der deutsche Pilzforscher Nees von Esenbeck schreibt 1816: „In meiner Nachbarschaft lebte ein armer, gebrechlicher Knabe, der, besser als jeder Trüffelhund, die Gegenwart des Trüffels unter der Erde witterte, und diese Naturgabe zum Erwerbsquell, als Trüffeljäger nutzte."[60] Der staunenswerte Junge hätte zu Grenouille in Patrick Süskinds Roman „Das Parfum" gepasst.

Wer weder Schwein noch Hund besitzt und keine superfeine Nase hat, braucht einen scharfen Blick oder auch ein geübtes Gehör. Der italienische Schriftsteller Ceccarelli berichtet 1564 als Erster von Fliegen, die über Trüffelstellen schweben. Sein Vater habe einen Bauern gekannt, der Trüffeln mit bloßem Auge gesucht habe. Man erkennt sie in der Tat manchmal an kleinen Erhebungen und Rissen an der Oberfläche des Bodens. Von Mulden im Schnee ist sogar die Rede, weil die wachsende Trüffel den Boden darunter leicht erwärme. Der Pilzforscher Christiaan Hendrik Persoon berichtet, man könne sie auch an einem dumpfen Ton erkennen, wenn man mit einem Stock auf den Boden schlägt.[61]

In Frankreich schildert der Botaniker Pierre-Joseph Garidel im Jahr 1715 in seiner Geschichte der Pflanzen um Aix-en-Provence die Suchmethode mit Fliegen: „Wenn der Tag wolkenlos und ruhig ist und die Sonne auf die Stellen scheint, dann bemerkt man eine große Anzahl von Mücken, die zwei oder drei Fuß über der Stelle schweben, an der die Trüffel versteckt ist. Und wenn man an genau dieser Stelle gräbt, findet man normalerweise die Trüffel." Richtig schließt er, dass die „Mücken" ihre Eier in die Trüffeln legen und daraus die Würmer entstehen, die man in alten Fruchtkörpern findet. Der polnische Forscher Borch bildet in seinem Bericht über die Trüffeln im Piemont eine blaue und eine schwarze Trüffelfliege ab. Später wurden mehrere Arten von Trüffelfliegen beschrieben, darunter die Scheufliege *Suillia „tuberiperda"*, „die Trüffeln verderbende".

Der Trüffelforscher Tulasne meint zurecht, dass die Fliegen von den Trüffelsuchern wenig genutzt würden, weil die Menschen entweder nicht genau beobachten konnten oder aber vielmehr, weil ihnen die scharfen Sinne von Hund und Schwein die Arbeit abnehmen. Auch die Entdeckung der schwarzen und weißen Edeltrüffeln verdanken wir wohl den Schweinen. Der Gourmand Grimod de la Reynière rief deshalb dazu auf, sich voll Verehrung vor ihnen niederzuwerfen, „diesen wertvollen Freunden der Menschen", ohne deren Geruchssinn die Trüffeln die Beute von Larven und Schnaken werden könnten. Der deutsche Gastrosoph Egon von Vaerst eiferte ihm nach: „Der wahre Christoph Kolumbus der Trüffel ist das Schwein."

Die guten Nasen der Säue von Norcia hat der päpstliche Bibliothekar Platina bereits 1474 in seinem Kochbuch erwähnt. Damit sie die aufgespürten Leckerbissen nicht fraßen, bekamen sie einen Schlag aufs Maul. Oder man band den Säuen einen Strick ans Bein, um sie rechtzeitig zurückreißen zu können. Andere Tiere wurden mit einem Riemen um die Schnauze am Fressen gehindert oder sie wurden „geringelt", bekamen also einen Drahtring durch den Rüssel, um das Graben im Boden zu schmerzhaft zu machen. Etwas sanfter ist ein metallenes Schweine-Halfter aus dem 19. Jahrhundert, das in meiner Bibliothek an

Die Trüffelsucher. (S. 272.)

ALTE ZEITEN: TRÜFFELSUCHER MIT SCHWEINEN

der Wand hängt: Wenn man an einem Strick zieht, sollen kleine Spitzen in den Hals der Sau pieken, damit sie den Kopf hebt und auf die Trüffel verzichtet.

Als Lohn wurden die Tiere mit Kartoffelstücken, Mais, Gerste und Eicheln abgespeist. Der badische Forstrat Fischer nennt die Suche mit Säuen ein langweiliges und verdrießliches Geschäft, da die Tiere auch nach Wurzeln, Insekten oder Larven und Würmern graben. Ähnlich wie später die Hunde werden sie ganz jung zusammen mit erfahrenen Sauen dressiert, bis sie auf Ruf oder Pfiff gehorchen und schließlich Trüffelimitate suchen, die mit Trüffelöl beschmiert und vergraben worden sind. Aber nach zwei Jahren ist Schluss, die Tiere sind dann „zu groß, zu unbändig und in einem Zustande, wo sie öconomisch genützt, nämlich geschlachtet werden müssen". Der englische Autor und Gartenbauer John Evelyn berichtet 1644 in seinen Tagebüchern aus Vienne an der Rhône, für die abgerichteten Säue würden hohe Preise gezahlt.

FERRY DE LA BELLONE (1888): TRÜFFEL

La Truffe

ÉTUDE
SUR
LES TRUFFES ET LES TRUFFIÈRES

PAR
LE Dr C. DE FERRY DE LA BELLONE
ANCIEN PRÉSIDENT DE LA SOCIÉTÉ DE MÉDECINE DE VAUCLUSE
PRÉSIDENT DU COMICE AGRICOLE
VICE-PRÉSIDENT DU CONSEIL D'HYGIÈNE DE L'ARRONDISSEMENT D'APT
MEMBRE DE LA SOCIÉTÉ MYCOLOGIQUE DE FRANCE

AVEC UN DESSIN DE M. PAUL VAYSON
Et 21 figures intercalées dans le texte

PARIS
LIBRAIRIE J.-B. BAILLIÈRE ET FILS
RUE HAUTEFEUILLE, 19, PRÈS DU BOULEVARD SAINT-GERMAIN
1888

Tous droits réservés

Inzwischen hat der Trüffelhund das Schwein verdrängt. Die Sau wird heute fast nur noch als Touristenattraktion eingesetzt. Schweine haben zwar eine feinere Nase zur Entdeckung des Trüffel-Duftstoffes Diamethyl als Hunde. Sie graben aber mit ihrem kräftigen Rüssel auch halbreife Trüffeln aus dem Boden. Außerdem sind sie schwerer zu führen und weniger folgsam als Hunde, die viele Jahre lang zur Trüffelsuche benutzt werden können.

Die Suche mit Hunden wurde zuerst in Italien üblich, erst Mitte des 19. Jahrhunderts verbreitete sich die Nutzung dann auch in Frankreich. Über die Ausbildung der Tiere im Piemont berichtet der deutsche Reisende Johann Georg Keyßler zu Beginn des 18. Jahrhunderts: „Die Hunde gewöhnt man zu ihrer Nachsuchung dadurch, daß man ihnen sonderlich des Morgens, wenn sie hungrig sind, und ehe man mit ihnen ausgeht, etwas vom Brodte, so in Trüffelöl getauchet ist, zu fressen giebt. (...) Hat der Hund eine Trüffel entdeckt, so giebt man ihm ein wenig Brodt, und dadurch wird er leichtlich völlig abgerichtet."[62]

In Deutschland nutzte man schon im 18. Jahrhundert italienische Hunde zur „Trüffeljagd". Der Begriff Jagd stieß schnell auf den Widerstand rechtschaffener Jäger. Zwar spürten Hunde die Trüffeln wie das Wild durch ihren scharfen Geruchssinn auf, heißt es 1796 in der „Waarenkunde" von Beckmann: „Aber die hirschgerechten Jäger, welche, wie es überall zu seyn pflegt, desto stolzer und eifersüchtiger auf ihr Gewerb sind, je weniger sie außer demselben erlernt haben, wollen dieß für keine Jagd erkennen."[63] Ernsthafte Forstjuristen ordnen die Trüffeljagd oder -suche dann auch nicht der Jagd, sondern der „Forst-Neben-Nutzung" zu, heißt es in der „Anleitung zur Trüffeljagd oder Trüffelsuche" von Fischer aus dem Jahr 1812. Als eine unweidmännische Jagdausübung und als sträflichen „Forst-Exceß" kritisiert Fischer, dass manche Trüffelsucher einfach mit der Hacke in den Wald gingen. Beim Nachgraben finde man Trüffeln jeden Alters, was aber „die fernere Trüffel-Bildung hindert, und das Trüffelrevierchen ruinirt".

Fischer gibt in Deutschland als Erster genaue Anweisungen über das Abrichten der Hunde für die Suche nach den „Leckertrüffeln". Eigentlich seien alle Rassen geeignet, doch nehme man am besten Pudel, dann Bologneser oder Hühnerhunde. Bei den „Pudeln" dürfte es sich schon damals um italienische Wasserjagdhunde wie den Lagotto gehandelt haben. Die früheste Abbildung einer Trüffelsuche mit einem solchen Hund findet sich 1776 in Giovanni Bernardo Vigos Trüffel-Lehrgedicht „Tubera terrae".[64]

Die Pudel hätten wenig Neigung, Fährten aufzunehmen oder Wild zu verfolgen, „sondern halten sich mehr an ihr Tagewerk", schreibt Fischer. Der Hund müsse folgsam, fleißig und unverdrossen sein, nach Funden anschlagen, die Stelle durch Scharren bezeichnen und auch Trüffeln apportieren. Die Dressur beginnt mit ganz jungen Hunden, denen man zuerst das Suchen und Apportieren von Holz, dann auch von Obst, Früchten und Trüffeln beibringt. Schließlich werden die Objekte vergraben, sodass der Hund sie auch im Erdboden findet. Künstliche Trüffeln für das Training stellt man aus Brot, stark riechendem Käse und etwas Trüffelöl her. Der Hund wird immer mit Brot belohnt, soll aber hungrig bleiben. Der Trüffeljäger selbst braucht nur eine Jagdtasche für die Ausrüstung, Lebensmittel für sich und den Hund und einen scharfen Hirschfänger zum Abschneiden von Gesträuch. Die Trüffeln werden mit einem Gerät ausgegraben, das als Schippe und Hacke dient. Fischer bildet ein hübsches Schäufelchen in niedlicher Herzform ab.

Voll des Lobes für die Hunde aus Italien ist auch der französische Trüffelforscher Louis-René Tulasne. Der Hund sei weniger aufs Fressen der Trüffeln versessen als das Schwein. „Er macht die ihm aufgetragene Arbeit nur, um seinem Herrn zu gefallen oder ihm zu gehorchen." Die milanesischen Pudel seien dermaßen gut dressiert, dass sie ihrem Herrn die Trüffeln apportierten und sogar gezielt verschiedene unterirdische Pilze suchen könnten. Das habe Trüffelforscher Vittadini bei seinen Studien genutzt.

Wenn man heute an den fein säuberlich wie Obstbaumkulturen aufgereihten Trüffelgärten in Spanien vorbeifährt, könnte man meinen, der besondere Reiz der Trüffelsuche sei dahin. Weit gefehlt! Auch die Suche in den Anpflanzungen ist ein schwieriges und spannendes Unterfangen, ein Geduldspiel von Hund und Mensch.

Als beliebtester Trüffelhund ist der Lagotto Romagnolo in Mode gekommen. Er stammt von der norditalienischen Adriaküste und wurde aus einer alten Rasse von Wasser-Apportierhunden gezüchtet. Der Lagotto ist ein kleiner bis mittelgroßer Hund „mit rustikalem Aussehen" und dichtem gelockten Haar, schreibt der Verband für das deutsche Hundewesen: „Seine natürliche Begabung zum Revieren (Suchen) und sein ausgezeichneter Geruchsinn haben seinen Wandel zu einem vorzüglichen Trüffelhund begünstigt. Sein Jagdinstinkt wurde durch genetische Auslese modifiziert: womit er durch den Wildgeruch von seiner Arbeit nicht abgelenkt wird. Der Lagotto ist gehorsam, genügsam, aufgeweckt, liebenswürdig, fest an seinen Meister gebunden und leicht auszubilden." Als großer Vorteil dieser Rasse wird auch sein „Goretex-Fell" gelobt, an dem das Wasser einfach abperlt. Zudem haart er kaum.

Die geschäftstüchtigen Italiener behaupten, der Lagotto sei anderen Rassen als Trüffelhund überlegen, sie ernten damit aber auch Widerspruch bei Trüffelsuchern und Hundefreunden. Denn viele schwören auf andere Rassen, sehr oft begegnet man Mischlingshunden. Auch Dackel, Schäferhunde oder Labradore finden Trüffeln. Bei Wettbewerben für Trüffelhunde siegen die verschiedensten Rassen. Zwei Belgische Schäferhunde und ein Collie lagen beim „Championnat de France" im Jahr 2012 vorn, ein Lagotto kam nur auf Platz sieben. Überhaupt sagen die Wettbewerbe, bei denen sechs vergrabene Trüffeln möglichst schnell gefunden werden müssen, nicht unbedingt etwas über die Eignung des Hundes bei der winterlichen Trüffelsuche aus. Der französische Trüffelexperte Pierre Sourzat erzählt mir, auf Wettbewerbe trainierte Tiere hätten nach sechs Funden keine Lust mehr und legten sich dann schlafen.

Auch mit elektronischen Nasen hat sich die Wissenschaft schon befasst, um Trüffelproben zu unterscheiden und einen Detektor für das freie Gelände zu entwickeln.[65] Der auf Duftstoffe spezialisierte Trüffel-Genomforscher Richard Splivallo meint: „Ich denke, dass der Markt wirtschaftlich zu begrenzt sein wird – und außerdem sind doch Schwein und Hund viel romantischer!"

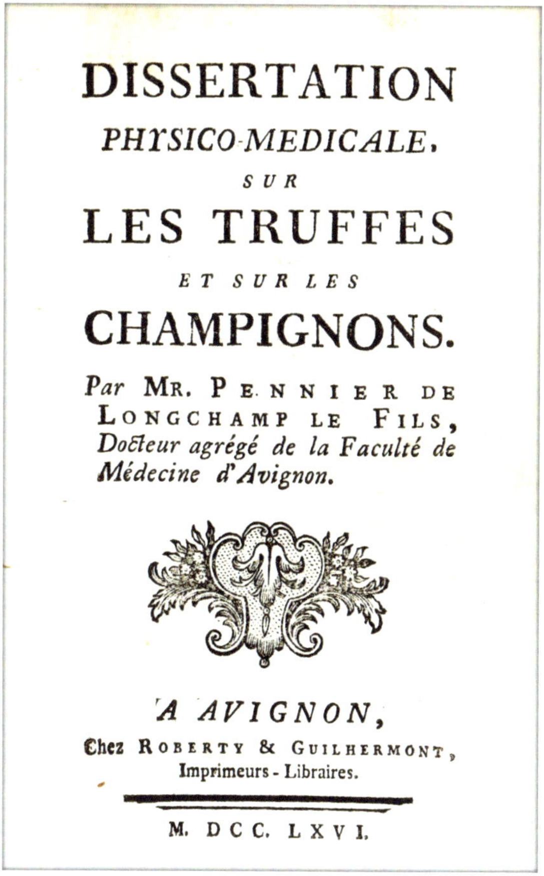

DISSERTATION
PHYSICO-MEDICALE,
SUR
LES TRUFFES
ET SUR LES
CHAMPIGNONS.

Par MR. PENNIER DE LONGCHAMP LE FILS, *Docteur agrégé de la Faculté de Médecine d'Avignon.*

A AVIGNON,
Chez ROBERTY & GUILHERMONT, Imprimeurs - Libraires.

M. DCC. LXVI.

PENNIER DE LONGCHAMP (1766)

WISSENSCHAFT: SPOREN UND SEX

Um das Wunder des Trüffelwachstums etwas besser zu verstehen, musste Ende des 16. Jahrhunderts das Mikroskop erfunden und dann im 20. Jahrhundert die Sequenzierung der Trüffel-DNA gelingen. Mit dem Entschlüsseln des Erbguts vieler Trüffelarten ist eine wichtige Etappe erreicht und die Sexualität der Pilze erkannt worden. Doch noch immer weiß die Wissenschaft nicht, wie der Lebenszyklus der Trüffeln im Boden beginnt.

Die ersten mikroskopischen Einsichten in die kleinsten Strukturen der Trüffeln konnten die alten Überlieferungen über das Entstehen der Erdknollen lange Zeit nicht verdrängen. Der Arzt Giovanni Battista della Porta ist einer der Ersten, der mit den neuen Vergrößerungslinsen experimentiert. 1588 beobachtet er in der Rinde von Trüffeln schwarze Samen und weist die hergebrachte Ansicht zurück, die Pilze seien „Kinder der Götter".[66] Er kann jedoch kaum jemanden davon überzeugen, dass Trüffeln Samen haben wie andere Pflanzen auch. Ebenso wenig wird ein Jahrhundert später vom ersten Trüffelfund in England Notiz genommen, über den Tancred Robinson 1693 in den „Philosophical transactions" der Royal Society berichtet.[67] Er hat sogar feine Fasern an den Trüffeln ausgemacht und bildet diese ab, vielleicht die erste Beobachtung des Pilzmyzels. Erst der französische Forscher Geoffroy der Jüngere findet mehr Beachtung, als er 1711 in der Akademie der Wissenschaften in Paris seine „Observations sur la végétation des truffes" vorträgt. Er vermutet, dass kleine schwarze Körner im Inneren der Trüffeln die Samen sind.

Ganz anderer Meinung bleibt der italienische Graf Luigi Ferdinando Marsili aus Bologna, der 1714 seine „Dissertatione de generatione fungorum" veröffentlicht und an der Theorie der Urzeugung festhält. Dennoch sind seine detaillierten Trüffelforschungen bemerkenswert. Der ehemalige Feldherr und Militäringenieur bildet erstmals schwarze Trüffeln im Schnitt ab. Er war ein vielfältig interessierter Wissenschaftler und der Begründer der Meereskunde. Sein ganzes Leben sei er von der Frage der Entstehung der Trüffeln „besessen" gewesen, schreibt Trüffel-Historiker Rittersma, der ein umfangreiches Manuskript Marsilis über Trüffeln in der Universitätsbibliothek von Bologna gewürdigt hat.[68]

Graf Marsili benutzt für seine Trüffelforschungen völlig neue Methoden. Er untersucht die Knollen mit dem Mikroskop und unternimmt Feldstudien mit systematischen Befragungen, auch bei Trüffelbauern, die weder lesen noch schreiben können. Die Fragebögen, die er in Gebiete der weißen und schwarzen Trüffeln schickt, umfassen 34 Punkte: Beschreibung der Trüffeln nach Farbe, Größe, Struktur, die Bodenbeschaffenheit, die Baumarten und Pflanzen an Trüffelstellen. Er fragt nach anderen Pilzen am Fundort, Kleinlebewesen, Würmern, der Witterung mit Schnee, Wind und Regen, den Suchmethoden und der Ergiebigkeit der Trüffelplätze. Dazu lässt sich Marsili monatlich Trüffelproben schicken, um auch die Entwicklung im Jahresverlauf zu verstehen, er mikroskopiert und zeichnet.

Mit dem Sammeln empirischer Daten auch beim einfachen Volk ist Marsili seiner Zeit weit voraus, ebenso mit seinen Fragen nach umweltbiologischen Faktoren beim Wachstum der Trüffeln. Nur Marsilis Mikroskop ist zu schwach, um Sporen zu erkennen. Als fast 70-Jähriger gibt er auf: Andere Forscher sollten das rätselhafte Wachstum der Trüffeln erklären. Marsilis umfangreiches Material wurde nie veröffentlicht, obwohl der Wissenschaftler darüber bereits mit seinem Kollegen Isaac Newton in England korrespondiert hatte.

Als Marsili seine Forschungen abbricht, weiß einer bereits besser Bescheid, sein Landsmann Pier Antonio Micheli, der Begründer der modernen Pilzkunde. Micheli klärt 1717 und 1718 den Lebenszyklus der Pilze im Wesentlichen auf, veröffentlicht die Erkenntnisse aber erst 1729 in dem Werk „Nova plantarum genera".

BRÜCKMANN (1720): TRÜFFELABBILDUNG

FRANC. ERNEST. BRVCKMANNI,
MED. DOCT.
EPISTOLA ITINERARIA XX.
DE
TVBERIBVS TERRÆ,
AD
VIRVM NOBILISSIMVM, EXCELLENTISSIMVM
ATQVE
CONSVLTISSIMVM DOMINVM,
DOMINVM
HERM. FRID.
TEICHMEYER.
PHILOS. ET MED. DOCT.
ANATOMIÆ, CHIRVRGIÆ ET BOTANICES PROF. P. O.
SERENIS. SAXON. DVCVM VINAR. ET ISENAC. CONSIL. AVL.
ET ARCHIATRVM, ACAD. NAT. CVRIOSOR. IMPERIAL.
LEOPOLD. CAROL. ET REG. SCIENT. PRVSS. SOCIVM, &c.
AMICVM ET PATRONVM COLENDISSIMVM.

CVM FIGVR.

WOLFFENBVTTELÆ, MDCCXXX.

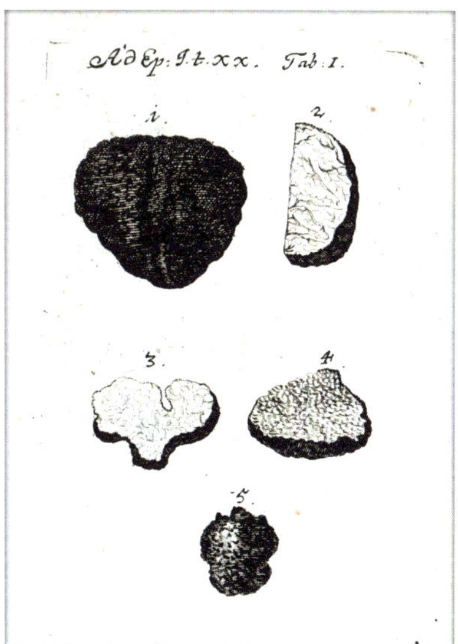

N O V A

PLANTARVM GENERA

I V X T A

TOVRNEFORTII METHODVM DISPOSITA

Quibus Plantæ MDCCCC recenſentur, ſcilicet fere MCCCC nondum obſervatæ, reliquæ ſuis ſedibus reſtitutæ; quarum vero figuram exhibere viſum fuit, eæ ad DL æneis Tabulis CVIII. graphice expreſſæ ſunt; Adnotationibus, atque Obſervationibus, præcipue Fungorum, Mucorum, affiniumque Plantarum ſationem, ortum, & incrementum ſpectantibus, interdum adiectis.

REGIAE CELSITVDINI

IOANNIS GASTONIS

MAGNI ETRVRIAE DVCIS.

A V C T O R E

PETRO ANTONIO MICHELIO FLOR.

EIVSDEM R. C. BOTANICO.

F L O R E N T I Æ. MDCCXXVIIII.

Typis BERNARDI PAPERINII, Typographi R. C. MAGNÆ PRINCIPIS VIDUÆ AB ETRURIA.

Propè Eccleſiam Sancti Apollinaris, ſub Signo Palladis, & Herculis.

SUPERIORUM PERMISSU.

MICHELI (1729):
DIE BEGRÜNDUNG DER MODERNEN PILZKUNDE

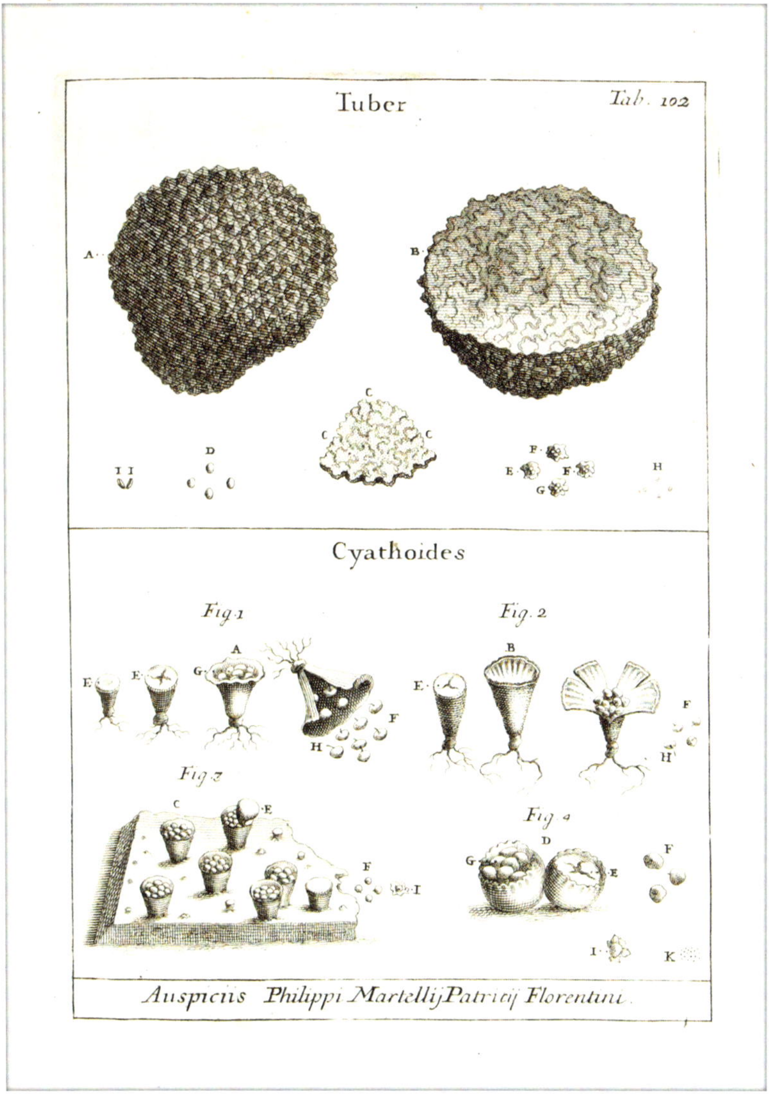

MICHELI (1729): DIE ERSTEN ABBILDUNGEN
VON TRÜFFELN MIT SPOREN

Darin bildet er erstmals auch Trüffeln mit Sporen ab und schreibt: „Die Masse des Trüffels [Tuber] ist allenthalben mit sehr kleinen, weichen und rundlichen Kapseln, gleich Bläschen durchwirkt, die jede bald zwei, bald drei, bald vier rund oder rundliche und warzige Samenkörner einschließt."[69] Später wurden diese Pilze Schlauchpilze oder Ascomyceten genannt, da sich ihre Sporen in kleinen Schläuchen (lateinisch Asci) entwickeln.

Eigentlich sind die Erkenntnisse Michelis eindeutig, aber die Debatte wogt noch lange. Der große schwedische Naturforscher Carl von Linné vermutet, die Samen der Pilze würden zu Würmchen, die ein Geflecht weben, aus denen dann wieder Pilze wachsen. Andere verfechten die These, die Schwämme würden von Tieren gebildet oder entstünden aus Pflanzensäften. Im Ratgeber „Der Hausvater" von 1776 schreibt Otto von Münchhausen, die angeblichen Samen seien kleine Tierchen. Der französische Pilzforscher Pierre Bulliard bezeichnet die Trüffeln 1791 als vivipare Pflanzen, die wie lebend geborene Tiere entstehen. Er sieht die kleinen warzigen Samen Michelis als winzige „Trüffelembryos" an, die „Truffinelles".[70] Noch 1827 begeistert sich der Forscher Pierre Jean François Turpin so sehr für diese These, dass er der Akademie der Wissenschaften in Paris „mikroskopische Beobachtungen" präsentiert, auf denen die Sporen wie kleine Trüffeln aussehen.[71]

Bei der Unterscheidung der einzelnen Arten werden jedoch Fortschritte erzielt. Seit Linné bekommen Pflanzen und Tiere einen Doppelnamen, der aus dem Gattungsnamen wie *Tuber* (Trüffel) und einem Artennamen wie *melanosporum* (schwarz-sporig) besteht. Dahinter steht der Name des Autors, der die Art gültig in einer wissenschaftlichen Publikation beschrieben hat. Vittorio Picco oder Pico, Doktor der Philosophie und Medizin aus Turin, definiert 1788 die italienische weiße Edeltrüffel *Tuber magnatum*.[72] Graf Borch hatte in seinen „Lettres sur les Truffes du Piemont" zuvor schon eine leicht zu verwechselnde ähnliche Art dargestellt, die heute *Tuber borchii* genannt wird. Pierre Bulliard bildet die Périgord-Trüffel 1791 als Erster deutlich auf einer Farbtafel ab, er unterscheidet fünf Arten.

Dem Italiener Carlo Vittadini gelingt 1831 der große Wurf bei der Einteilung und Beschreibung der Arten. Der junge Mailänder an der Universität von Pavia glaubt zwar noch, die Trüffeln wüchsen in der Erde wie Kartoffeln aus einer Muttertrüffel, aber er bringt Ordnung ins System der unterirdisch wachsenden Pilze, der „Hypogäen". Er zählt dazu 40 Arten, 16 von ihnen sind Trüffeln. Vittadinis Buch „Monographia tuberacearum" ist deshalb zweifellos das wichtigste – und auch mit das seltenste – Werk der Trüffelliteratur. Die Périgord-Trüffel *Tuber melanosporum* aus der Gruppe der schwarzen Trüffeln mit warziger Außenhaut bekommt darin ihren endgültigen lateinischen Namen, ebenso die Wintertrüffel *Tuber brumale*, die Sommertrüffel *Tuber aestivum* und die weißliche Piemont-Trüffel *Tuber magnatum* aus der Gruppe mit glatter Haut.

Weitere Arten und mikroskopische Details liefern die französischen Brüder Louis-René und Charles Tulasne 1851 in ihrem großen Werk „Fungi hypogaei". Sie zeigen, dass Trüffeln wie andere Pilze ein Myzelium haben. Dieses feine Geflecht im Boden stellt den eigentlichen Organismus aller Pilze dar. Louis-René Tulasne beschreibt auch die manschettenartigen Verdickungen an den Baumwurzeln, die sich später als die Symbioseorgane der Trüffeln entpuppen, die Mykorrhiza. 1892 definiert der Franzose Adolphe Chatin die Burgundertrüffel *Tuber uncinatum*, um sie von der Sommertrüffel *Tuber aestivum* zu unterscheiden. Heute gilt die später im Herbst wachsende Burgundertrüffel als Variante der Sommertrüffel. Chatin unterscheidet 1892 erstmals auch mehrere Wüstentrüffeln.[73]

Im selben Jahr vermeldet eine wissenschaftliche Zeitschrift eine essbare Trüffelart aus dem Himalaya: die China-Trüffel. Die englischen Mykologen Mordecai Cubitt Cooke und George Massee haben sie aus den damaligen britischen Besitzungen in Indien geschickt bekommen. Sie geben der mit der Périgord-Trüffel eng verwandten, nur deutlich kleineren Knolle den Namen *Tuber indicum*, die indische. Die Art bleibt 100 Jahre vergessen, bis sie in den 1990er Jahren plötzlich als billiger Doppelgänger der Périgord-Trüffel auf den europäischen Märkten auftaucht. Die beiden Briten hatten schon 1892 ein bis heute wichtiges Unterscheidungsmerkmal genannt: „Wir erkennen keinerlei besonderen Geruch."

Zu Zeiten der Trüffelforscher Chatin und Cooke ist die Entstehung der unterirdischen Knollen fast so rätselhaft wie im Altertum. Immer noch gibt es Anhänger der These, Trüffeln seien ein Produkt des Bodens. Monsieur Lasalvetal, ein bedeutender Trüffelhändler aus Périgueux, meint, die Trüffeln bildeten sich tief in den Eingeweiden der Erde und stiegen dann langsam nach oben, um im Schatten von Bäumen oder Gebäuden reif zu werden. Chatin weist in seinem Trüffelbuch zahlreiche neue, abstruse Ideen zurück.

Der Priester Charvat findet unter einer Eiche eine Trüffel in einem Fass mit Weintrester und erklärt flugs, Trüffeln entstünden aus den Säften der Äste und Blätter des Baums. Andere sehen die Trüffeln als Produkt der Baumwurzeln an. Ursprung sei ein Wurzelsaft. Man spricht auch von spontaner Ausbeulung, oder man verficht die These, die Trüffeln wüchsen als Pflanzengallen, nachdem Fliegen in die Wurzeln gestochen haben.

Am hartnäckigsten verteidigt Trüffelzüchter Jacques Valserres die These von der Entstehung der Trüffeln durch Fliegen, die ihre Eier ja tatsächlich in den unterirdischen Knollen ablegen. Er meint, nach dem Stich einer Fliege bilde sich aus der Wurzel ein Tropfen, aus dem die Trüffel wachse und sich reif löse wie ein Apfel vom Baum. Der Wahrheit am nächsten kommt ein Apotheker aus der Vaucluse, Monsieur Bressy, der die Trüffeln 1870 für einen pilzlichen Parasiten an Baumwurzeln hält. 1876 illustriert der Franzose Azolin Condamy in seiner

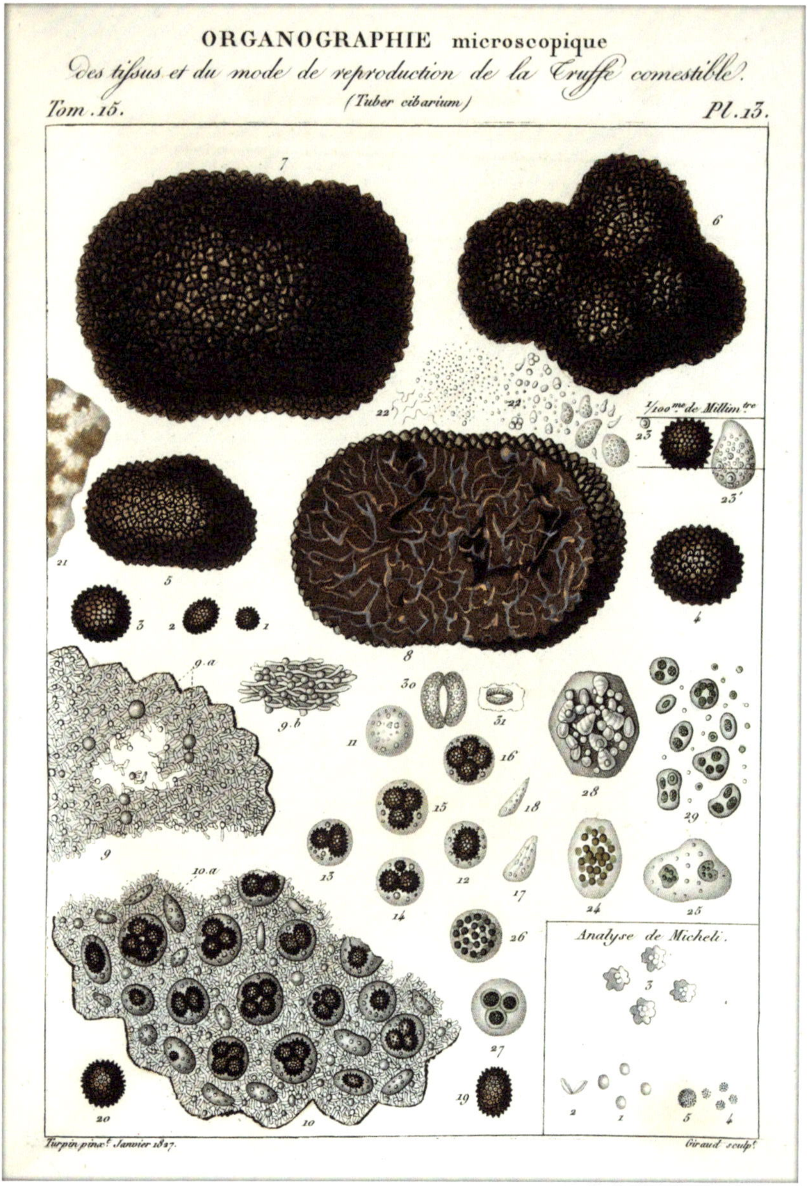

TURPIN (1827): TRÜFFELSPOREN ALS KLEINE EMBRYOS

Étude sur l'histoire naturelle de la truffe, wie sich die Trüffeln im Jahresverlauf im Boden entwickeln (Siehe Seite 172).

Neun Jahre später führt der Deutsche Albert Bernhard Frank 1885 den Begriff der Mykorrhiza oder Pilzwurzel ein. Frank beschreibt die Beziehung von Bäumen und Trüffeln als eine Form der „Symbiose".[74] Diesen Begriff hatte der deutsche Pilzforscher Anton de Bary für das Zusammenleben von Lebewesen verschiedener Arten zum gegenseitigen Nutzen geprägt. Frank schreibt: „Es zeigte sich, dass sämmtliche feinen Saugwurzeln der Bäume, unter denen Trüffeln wachsen, mit einem Pilzmycelium (Pilzgewebe) in innigster gegenseitiger Verbindung sich befinden, und zwar so, dass beide Theile zusammen gewissermassen ein einheitliches Organ darstellen". Der Pilz leiste der Pflanze bei der Ernährung „Ammendienste", führe ihr Wasser und Nährstoffe zu und empfange von der Pflanze assimilierte organische Baustoffe: eine echte Symbiose. Franks Beschreibungen der Kooperation von unterschiedlichen Lebensformen – Pilz und Pflanze – gelten heute als revolutionäre Erkenntnisse zum Verständnis der Evolution und der Funktion der Ökosysteme.[75]

TRÜFFELBÄUME UND DNA

Es sollten 70 Jahre vergehen, bis sich die Wissenschaft wieder eingehender mit dieser Symbiose befasst. Seit 1956 konzentrieren sich italienische und französische Praktiker und Forscher auf die Frage, ob zuverlässig Trüffeln wachsen, wenn man die Mykorrhiza von Baum und Pilz schon vor dem Auspflanzen der Bäume erzeugt. 1967 Jahre schaffen es die Forscher Bruno Fassi und Anna Fontana in Italien, im Labor die Mykorrhiza einer Trüffelart herbeizuführen. 1970 gelingt Gérard Chevalier am französischen Agrarforschungsinstitut Inra die Mykhorriza von *Tuber melanosporum,* und er entwickelt ein Verfahren zum „Beimpfen" der Baumwurzeln. Damit werden Millionen von Trüffel-Bäumchen gezogen – doch bis heute ist nicht klar, welche genaue Rolle die Mykorrhiza bei der Entstehung der Trüffeln spielt. Das Inra-Institut muss 1999 überrascht feststellen, dass die Mykorrhiza gar nicht für die Bildung der Fruchtkörper verantwortlich sei und dass zwischen ihr und den Fruchtkörpern gar keine Strukturbeziehung zu existieren scheine.

So versucht man danach wieder verstärkt, die Entwicklung der Fruchtkörper zu erforschen. Wie einst beim Grafen Marsili werden die Bodenbedingungen und die Rolle von Pflanzen und der zahlreichen Tiere untersucht, die in der Natur mit und teilweise von den Trüffeln leben und ihre Sporen verbreiten: Bakterien, verschiedene Kleinlebewesen, Fliegen und Käfer, Würmer, Ameisen, Ratten, Mäuse, Maulwürfe, Dachse und Wildschweine.

Der bisher letzte große Schritt bei der Erforschung der Trüffeln wird im März 2010 getan, als es gelingt, das Genom der schwarzen Edeltrüffeln zu entschlüsseln.[76] Wenige Monate später wird die sich aus der DNA ergebende Erkenntnis publiziert, dass sich Trüffeln sexuell fortpflanzen.[77] Das an der DNA-Analyse der Trüffeln beteiligte Team von 50 Wissenschaftlern wird von Prof. Francis Martin aus Nancy geleitet. Die Forscher, darunter der damals in Göttingen arbeitende Schweizer Dr. Richard Splivallo, finden Genabschnitte, die vermutlich an der Entwicklung des Aromas der Trüffeln beteiligt sind. Angenommen wird nun, dass Trüffeln wesentliche Elemente ihres Aromas selbst erzeugen, zusammen mit Mikroorganismen wie Bakterien und Hefen, beeinflusst vom Boden und den Wirtsbäumen.[78]

Die wichtigste Erkenntnis betrifft aber die Sexualität der Trüffeln, da man zuvor annahm, dass sich Trüffeln ungeschlechtlich durch einfache Teilung der Zellen fortpflanzen. Nun wurden zwei Geschlechter erkannt, die Paarungs- oder Kreuzungs-Typen (mating types) MAT1-1 und MAT1-2. Erst, wenn sie zusammenfinden, können sich neue Fruchtkörper bilden. Die Forscher stellen auch fest, dass Trüffel-Myzele im Boden stets nur einen Paarungs-Typ ausbilden. Eine der praktischen Folgen für Trüffelzüchter ist die Anlage der sogenannten Trüffelnester in den Kulturen: Im Wurzelbereich der Trüffelbäume werden Löcher gegraben, in die Erde mit Sporen von reifen Trüffeln gefüllt wird, die sicher beide Paarungs-Typen enthält. Eine eigentlich uralte Methode, die nun wissenschaftlich untermauert ist und systematisch angewendet wird.

Mittlerweile ist das Erbgut der meisten Speisetrüffeln beschrieben worden. Französische Forscher hoffen, die genaue regionale Herkunft von Trüffeln genetisch erkennen zu können, um Ursprungsbezeichnungen festzulegen. Im Jahr 2010 fühlte sich der an der Genomforschung beteiligte US-Wissenschaftler Gregory Bonito noch „in der Steinzeit" der Trüffelforschung. Der Schweizer Splivallo war damals ein wenig optimistischer: „Ich würde eher sagen, dass wir mit dem Genom der Périgord-Trüffel und der ganzen Arbeit der letzten 15 Jahre zwischen der Erfindung des Rades und der industriellen Revolution sind." Ende 2019 sagt er, in den letzten zehn Jahren seien mehr Fortschritte gemacht worden als in den 50 Jahren zuvor. Man habe enorm viele neue Daten, doch ihre Interpretation werde auch komplizierter.

Trüffelhändler Pierre-Jean Pébeyre kann sich in seiner Kritik an der Wissenschaft bestätigt sehen. Er drückt es mit einem Zitat des früheren französischen Präsidenten Charles de Gaulle aus: „Man findet Forscher, die forschen, aber man sucht nach Forschern, die auch finden."

MONOGRAPHIA TUBERACEARUM

AUCTORE

CAROLO VITTADINI

Italos Botanicos, quos tot immortalium Mycologorum vestigia non terreant, sed stimulent, ut hos ceterosque terrae suae, ipsis Fungis classicae, illustrent, Mycologus extremi septentrionis obtestatur.

FRIES.

MEDIOLANI
EX TYPOGRAPHIA FELICIS RUSCONI
M.DCCC.XXXI

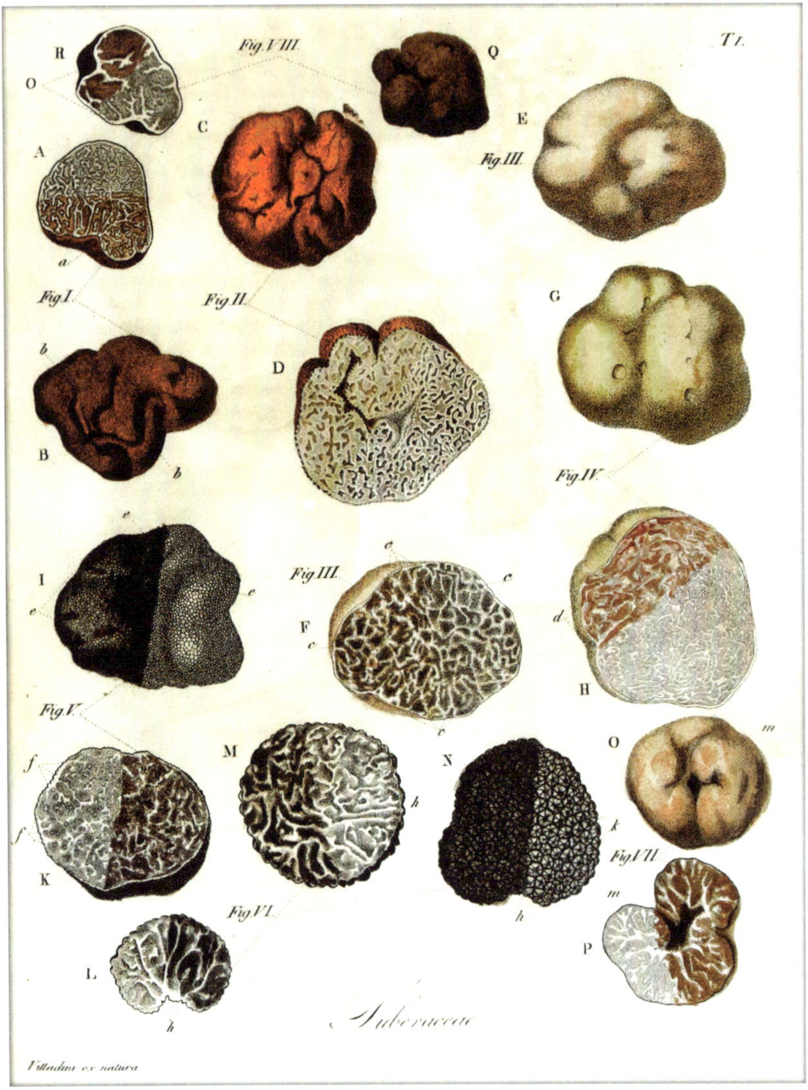
T.I.
Fig. VIII
Fig. I
Fig. II
Fig. III
Fig. IV
Fig. V
Fig. VI
Fig. VII
Tuberaceae
Vittadini ex natura

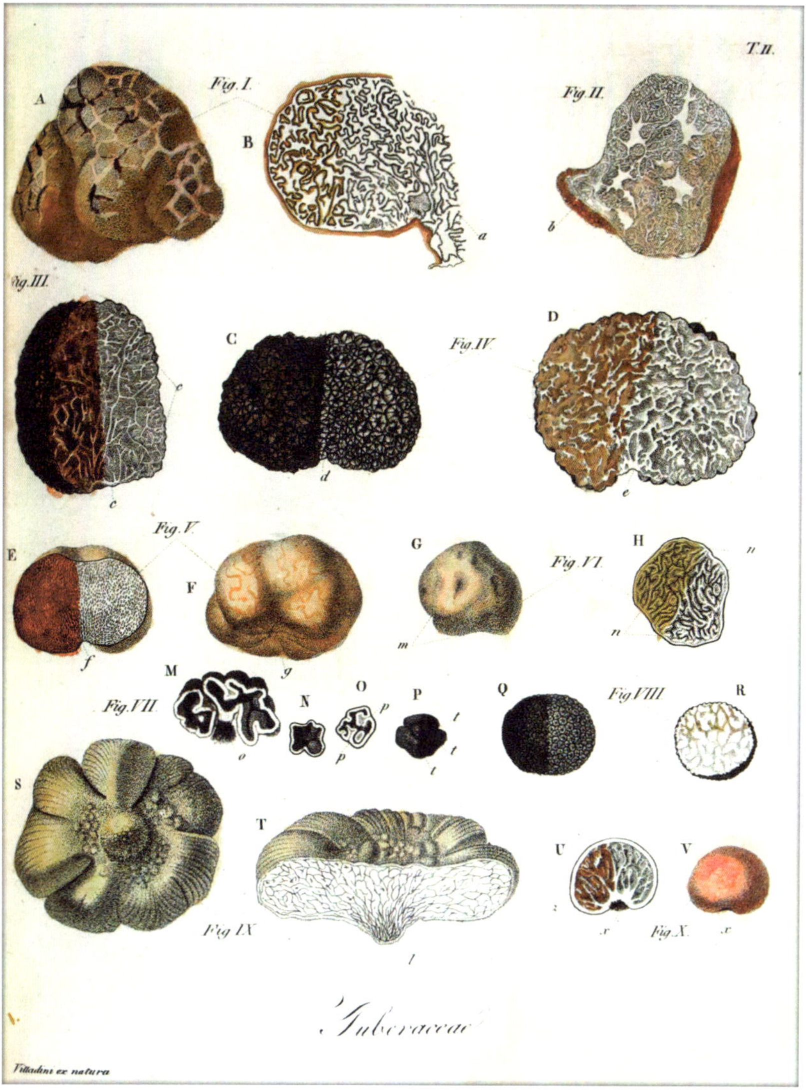
T. II.
Fig. I.
Fig. II.
Fig. III.
Fig. IV.
Fig. V.
Fig. VI.
Fig. VII.
Fig. VIII.
Fig. IX.
Fig. X.
Tuberaceae
Vittadini ex natura

GENÜSSE: AUS TEUFELS KÜCHE ZU LUKULLISCHEN FREUDEN

Von der Beliebtheit der Trüffeln im alten Rom zeugen im ersten Jahrhundert unserer Zeitrechnung die beiden Dichter Martial und Juvenal. *Wir, die mit zartem Haupt die Erde durchbrechen, die Trüffeln, kommen als Frucht erst nach den Boleten* schreibt Martial in einem seiner berühmten Epigramme.[79] Zweifellos meinte er die Terfezien, die Wüstentrüffeln, die dicht unter der Bodenoberfläche wachsen und im Frühjahr nach außen hervorbrechen. Die Boleten der Römer waren Kaiserlinge *(Amanita caesarea)*, so schmackhafte und unwiderstehliche Pilze, dass die Frau von Kaiser Claudius später das tödliche Gift für ihren Mann in einem Kaiserlingsgericht servieren konnte.

Satirendichter Juvenal spießt die Gier nach Trüffeln in der Schilderung eines Gastmahls mit dem reichen Genießer Alledius auf, bei dem es Gänseleber, Geflügel und Wildschwein gibt, bevor Trüffeln gereicht werden: *Behalte Dein Korn, sagt Alledius, o Libyen, spann Deine Ochsen aus, nur sende mir Trüffeln!*[80] Trüffeln sind also wichtiger als das Getreide aus der libyschen Kornkammer Roms.

Gute Köche genießen in Rom ein ebenso hohes Ansehen wie schon zuvor in Athen, wo überliefert wurde, dass die Kinder eines gewissen Cherips das Bürgerrecht erhalten, weil ihr Vater ein neues Ragout für Trüffeln erfunden hat.[81] Aber wenn die Trüffeln bei den Römern auch als Delikatesse galten – hätten wir die faden Wüstentrüffeln gemocht?

Die Römer würzten ihre Speisen kräftig, erfahren wir aus dem ersten bekannten Kochbuch „De re coquinaria" des etwa im Jahre 40 gestorbenen Marcus Gavius Apicius. Der schwerreiche Feinschmecker besitzt eine Kochschule und gibt Unsummen für kulinarische Studien aus. Als ihm sein Vermögen für seinen Lebensstil nicht mehr ausreichend erscheint, tötet er sich mit Gift.[82] Aus seinem Buch, das in Wahrheit von mehreren Autoren stammt, wissen wir, wie die Römer die Wüstentrüffeln in vergipsten Gefäßen mit trockenem Sägemehl aufbewahrten und dann geschmacklich aufpeppten. Sechs Zubereitungen für Trüffeln empfiehlt Apicius, angefangen mit diesem Rezept:[83]

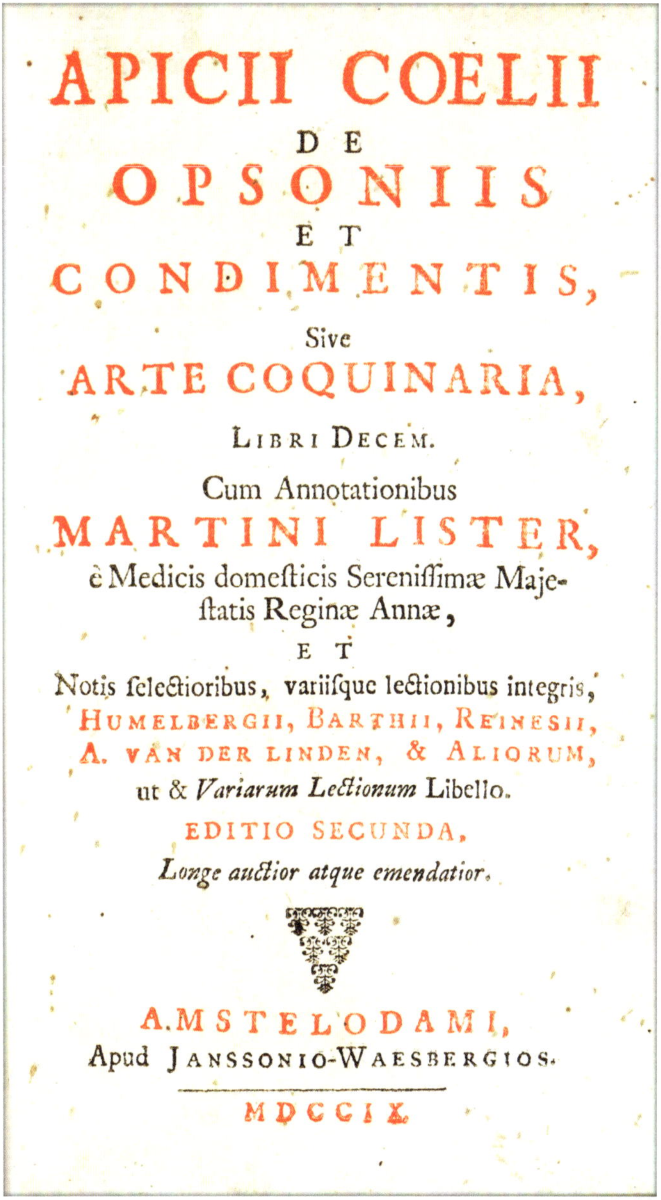

APICII COELII
DE
OPSONIIS
ET
CONDIMENTIS,
Sive
ARTE COQUINARIA,
LIBRI DECEM.
Cum Annotationibus
MARTINI LISTER,
è Medicis domeſticis Sereniſſimæ Maje-
ſtatis Reginæ Annæ,
ET
Notis ſelectioribus, variiſque lectionibus integris,
HUMELBERGII, BARTHII, REINESII,
A. VAN DER LINDEN, & ALIORUM,
ut & *Variarum Lectionum* Libello.
EDITIO SECUNDA,
Longe auctior atque emendatior.

AMSTELODAMI,
Apud JANSSONIO-WAESBERGIOS.

MDCCIX.

„Schabe die Trüffeln sauber ab, brühe sie, reibe sie mit Salz ein, stecke mehrere an ein spitzes Stöckchen, brate sie und koche sie dann in Öl, Lake, Most, Wein, Honig und Pfeffer. Sind die Trüffeln gar, so nimm sie heraus, binde die Brühe mit Mehl und reiche sie als Sauce extra."

Apicius empfiehlt auch eine fast asiatisch anmutende Zubereitung: „Feine Würze für Trüffeln: Pfeffer, Liebstöckel, Koriander, Raute, Fischlake, Honig und ein wenig Öl." Fischlake kann man mit Maggi-Würze oder Sardellensauce vergleichen. Die Rezepturen werden auch mit Kümmel, Minze oder Sellerie variiert. Die römische Küche liebte deftige Mischungen und veränderte den Eigengeschmack vieler Nahrungsmittel vollständig. Wüstentrüffeln bleiben auch in den arabischen Ländern eine beliebte Speise, teils weniger stark gewürzt. 1530 schreibt der Geograf Leo Africanus: „Die Araber essen sie mit demselben Genuss, als sei es Zucker. In Wahrheit ist es ein sehr feines Gericht, wenn man es auf der Glut brät, dann schält und in fetter Brühe kocht. Die Araber essen sie in Wasser oder Milch gekocht."[84]

Das römische Apicius-Kochbuch sollte noch weit hinein bis ins Mittelalter und in die Gegenwart wirken. Spätestens im 3. Jahrhundert liegt eine Handschrift vor. Einige Kopien des ersten Manuskripts werden am Hof Karls des Großen geschrieben, die erste gedruckte Fassung erscheint gegen Ende des 15. Jahrhunderts – 1455 hatte Gutenberg den Buchdruck erfunden. Da weiß niemand mehr so genau, dass Apicius mit „Trüffeln" gar nicht die europäischen Speisetrüffeln gemeint hat.

Denn nach dem Niedergang des Römischen Reichs versinken viele Errungenschaften der europäischen Kultur erst einmal im Mittelalter, mit ihnen auch Genuss und Gaumenfreuden. Dem Christentum, das die geistige Vorherrschaft etwa von 500 bis 1500 übernimmt, erscheint irdisches Vergnügen höchst verdächtig und sträflich. Essen und Trinken über den Lebensbedarf hinaus zählen als Gula, als Völlerei, zum klassischen Kanon der sieben Todsünden.[85] Betrachtet man Gemälde des 1516 gestorbenen Hieronymus Bosch, so weiß man, was denen blüht, die sich der maßlosen Gaumenlust hingeben. Sie landen in Teufels Küche und werden dort in Kesseln gesotten und grausam gerichtet.

Nur der Klerus selbst lebte durchaus genussvoll. Felix, der Bischof von Como, sendet dem heiligen Ambrosius von Mailand Trüffeln, und der spätere Kirchenvater bedankt sich für das „kolossale Geschenk". Er widersteht der Versuchung, sie ganz allein zu essen: „Ich wollte sie nicht, wie man so sagt, in der Tasche verschwinden lassen, sondern zog es vor, sie anderen zu zeigen. Daher habe ich einen Teil meinen Freunden gebracht und einen Teil für mich behalten."[86]

MITTELALTER UND RENAISSANCE

Die Doppelmoral ist im Mittelalter weitverbreitet, in vielen Klöstern wird längst nicht so bescheiden gelebt, wie man es nach außen predigt. Dafür steht beispielhaft der heilige Augustinus, der nach einem ausschweifenden Leben im 4. Jahrhundert zum Christentum übertritt und von Ambrosius in Mailand getauft wird. Augustinus prägt die Einstellung der Christen zum Essen nachhaltig. Er predigt Mäßigung und verurteilt die Feinschmeckerei, etwa die Torheit von Menschen, die nach dem Genuss von Pilzen und Reis, Trüffeln, Pfeffer, Kuchen und Süßwein mit zum Platzen vollem Bauch noch dankbar rülpsen und täglich solche Genüsse verlangen.[87] Zugleich gesteht er aber, dass er auf die Gaumenlust viel schwerer verzichten kann als auf die geschlechtliche Lust.

In Deutschland herrscht im Mittelalter „massives Misstrauen gegenüber der aromatischen Knolle", schreibt Trüffelforscher Rengenier C. Rittersma.[88] Dies scheint verständlich, kennt man hierzulande doch nur die gefährliche Hirschtrüffel. Die benediktinische Ordensfrau Hildegard von Bingen (1098 bis 1179) hatte sie in ihrer Schrift „Physica" über die Heilkräfte der Natur verurteilt: „Die Hirschtrüffel (hirtzswam) ist kalt und hart, und sie ist schädlich zu essen für Mensch und Vieh. […] Auch der schwangeren Frau verursacht sie mit körperlicher Gefahr eine Fehlgeburt, wenn sie Hirschtrüffel isst."[89]

Die Hirschtrüffel *Elaphomyces granulatus* ist uns als angebliches Aphrodisiakum schon einmal begegnet; sie wird auch Hirschbrunst, Hasensprung, Schweinetrüffel oder Bullenlust genannt. Über 300 Jahre nach Hildegard von Bingen kennt auch das erste Kräuterbuch in deutscher Sprache, der „Hortus sanitatis" von 1485, nur den „hyrtzschwam" und seine angeblichen Gefahren. „So blieb die Trüffelwahrnehmung im deutschen Kulturraum noch lange von negativen Tönen geprägt, während andere Gebiete in Europa die Trüffel schon längst als Genussmittel entdeckt hatten", schreibt Rittersma.

Der Verzehr von Trüffeln in Frankreich, Italien oder Spanien war keineswegs von Anfang an Ausdruck von Luxus und Gaumenfreuden und auch kein Vorrecht der begüterten Schichten. Sie hatten ja auch nicht zu ihrer Entdeckung beigetragen. In einer „anekdotischen Beschreibung" der Trüffel belustigt sich der französische Gastronomieschriftsteller Jean-Camille Fulbert-Dumonteil 1863 darüber, dass der Entdecker der Trüffel „ganz einfach ein Schwein" war. Der Schriftsteller stellt sich säuische Trüffelorgien vor: „Welche Feste mag der glückliche Vierbeiner wohl gefeiert und damit Naturforscher und Gourmets an der Nase herumgeführt haben, die nicht den geringsten Schimmer davon hatten."

Die Bibel verbietet, Fleisch vom Schwein zu essen, weil es kein Wiederkäuer ist. „Das Schwein", heißt es im 5. Buch Mose, 14. Kapitel, „soll euch darum unrein sein". Nun, die Bauern aßen sicherlich trotzdem Schwein und auch Trüffeln. Denn wo der Bauer seine Tiere im Wald hielt, da sah er auch, was sie aus dem Boden gruben, und probierte es. Und weil die Knollen gut schmeckten, landeten sie schließlich auch auf den Tischen der Grundbesitzer und Kirchenfürsten.

Die ersten Belege dafür, dass die Trüffeln als besondere Speise in Mode kamen, stammen aus der Zeit von Jean de Valois (1340 bis 1416), Herzog von Berry, einer Provinz in Zentralfrankreich. Der für seine Gier und seinen Geiz berühmte Herzog war der Bruder des französischen Königs Karl V. und ständig auf der Suche nach Schönem und Neuem. Am 3. September 1370 zahlt er seinem Lieferanten auf einer Reise nach Paris 60 Sous für Trüffeln, vier Wochen später noch einmal 40.[90]

Das erste internationale Trüffelgeschenk in Europa ist aus dem Jahr 1380 dokumentiert: Der mit dem Haus Savoyen verbündete Fürst Amadeus VII. von Acaia schickt Trüffeln an die Bourbonen-Prinzessin Bona, die Frau von Herzog Amadeus von Savoyen. Später sollte, wie wir noch sehen werden, das Haus Savoyen Trüffeln gezielt als diplomatisches Geschenk einsetzen.

Bei der Hochzeit von Prinzessin Elisabeth („Isabeau") von Bayern mit Karl VI. im Jahr 1385 gibt es Trüffeln aus der Provinz Berry. Dies müssen Sommer- oder Burgundertrüffeln gewesen sein, da das Berry nördlich der Gebiete der Périgord-Trüffel liegt. Aus den „Comptes de l'Hostel du Roy" der Königin Isabeau geht hervor, dass in den Jahren 1387 bis 1390 Trüffeln auch an den Hof in Versailles geliefert werden. Eine Lieferung wird mit 32 Silbermünzen bezahlt. Die Trüffeln wurden einfach ungeschält (en chemise) in Wasser gekocht. Möglicherweise reichte man sie auch am Ende des Mahls als besondere Bissen.[91]

Gern wird in Frankreich erzählt, dass der aus Carpentras im Herzen der Region der schwarzen Edeltrüffeln stammende Papst Johannes XXII. schon im Exil in Avignon die Trüffeln aus seiner Heimat gegessen habe.[92] Er residiert dort von 1316 bis 1334. Aber nicht jedermann findet Trüffeln begehrenswert. Eustache Déchamps, Hofdichter der Könige Karl V. und Karl VI., verabscheut sie und nennt sie ein Nahrungsmittel, das eines Manns bei Hofe nicht würdig sei, ebenso wenig wie Innereien, Senf und Schweinefleisch.[93] Man solle sich vor diesen gefährlichen Früchten hüten, schreibt der Dichter gegen Ende des 14. Jahrhunderts nach einem Trüffelessen, das ihm offenbar nicht wohl bekommen ist: „Diese Speise ist schlecht für die Gesundheit, sie löst einen Durchfall aus, der schlimmer als Dreitagesfieber ist. Es ist eine schrecklich anzuschauende Wurzel, die man mit Blitzen erzeugen kann. Außen ist sie schwarz. Aber gekocht erhitzt sie zu stark, ihr Geruch ist stinkend und verpestend. Wer diese Pflanze der Bauern ausgräbt und in den Mund nimmt, dem widerfährt Unglück."[94] Da sind sie wieder, die Blitze der Griechen und die unreine Bauernspeise der christlichen Kirche.

Der Herzog von Berry war auf jeden Fall ein früher Trüffelliebhaber, vielleicht aber auch eine Ausnahme. Denn in den mehr als 50 bekannten Handschriften mit Rezepten aus Europa aus dem 14. Jahrhundert, wie „Le Viandier" oder dem „Menagier de Paris", kommen Trüffeln noch nicht vor.[95] Sie tauchen zum ersten Mal 1474 im italienischen Renaissance-Kochbuch „De honesta voluptate et valitudine" des Bartolomeo Sacchi auf, genannt Platina. Sein Werk wird ins Deutsche übersetzt als „Von der Eehrlichen, zimlichen, auch erlaubten Wollust des Leibs".

Platina war erster Bibliothekar der vatikanischen Bibliothek. Nach den alten Texten der Antike lobt er zwar noch die Trüffeln aus Syrien und Griechenland, gibt aber auch den ersten gedruckten Hinweis auf die Trüffelsuche mit Schweinen in der Provinz Perugia in Italien, eine Gegend, die für ihre schwarzen Trüffeln berühmt ist. Er schreibt: „Bewundernswert ist die Nase der Sauen aus Norcia, da sie die Plätze erkennen, wo sie wachsen und sie unbeschädigt liegen lassen, wenn der Bauer sie aufs Ohr schlägt."[96] Platina empfiehlt à la Apicius, man solle Trüffeln in Wein waschen und dann in heißer Asche garen oder in Wasser kochen, schälen und mit Salz und Pfeffer bestreuen.

Frühere Rezepte für Wüstentrüffeln kennen wir aus Spanien, von wo sich das vielfach von arabischen Gelehrten festgehaltene Wissen der Antike nach dem Mittelalter wieder in Europa ausbreitet.[97] Trüffeln werden hier als Hoden der Erde bezeichnet („Criadilla de tierra" oder „Turma"). Eine Handschrift aus dem 13. Jahrhundert über die maghrebinisch-spanische Küche rät, Fleisch unter anderem mit Salz, Olivenöl, Pfeffer, Kümmel und Koriander zu kochen und dann geschälte und geschnittene Wüstentrüffeln hinzuzufügen, bevor man das Ganze mit Eiern und Brotkrumen fertig gart. 1423 gibt Enrique von Aragon in seiner „Arte cisoria" genaue Anweisungen, wie und mit welchen Esswerkzeugen man Trüffeln zu schneiden hat.

Eins scheint sicher: Zu Platinas Zeiten kennen die französischen Fürstenhäuser die schwarzen Edeltrüffeln noch gar nicht. Aus Burgund waren zwar am Ende des 14. Jahrhunderts schon die „Truffes grises", die innen grauen Sommertrüffeln für die großen königlichen Tafeln geliefert worden. Die schwarzen Périgord-Trüffeln setzen sich aber erst im 16. Jahrhundert durch.

„Jahrhunderte lang galt diese Pflanze ohne Wurzel, ohne Zweig, ohne Blatt, ohne Blüte und ohne Frucht als Wunder", schreibt der französische Gastronomiehistoriker Jean-Louis Flandrin.[98] „Ihre Faszination lag darin, dass man ihr fantastische Eigenschaften und aphrodisiatische Kräfte zusprach." Weder die Römer noch die Menschen der Renaissance hätten Trüffeln wegen ihrer gastronomischen Qualitäten geschätzt. „Und es ist eine Art Wunder, dass diese seit Jahrhunderten als wunderbar angesehene Speise dann eines Tages wahrhaftig köstlich wurde."

TRÜFFELMANIA: DELIKATESSEN FÜR DIE TAFELN DER KÖNIGE

König Franz I. von Frankreich soll die Vorliebe der Franzosen zu den schwarzen Edeltrüffeln der Art *Tuber melanosporum* begründet haben. Er war auf einem Italienfeldzug im Jahr 1525 in der Schlacht von Pavia in der Lombardei gefangen genommen und dann in Spanien festgesetzt worden. In der Gefangenschaft habe er durch seinen Bewacher Hernando d'Alarcón die schwarzen Trüffeln kennengelernt, um sie sich dann nach der Rückkehr auch in der Heimat servieren zu lassen, erzählt Trüffelforscher Adolphe Chatin.[99] Der spanische Wissenschaftler Santiago Reyna hält dies aber für unwahrscheinlich, da Trüffeln damals in Spanien als schädlich galten und nicht gegessen wurden. Franz I. habe Trüffeln wohl eher in Italien kennengelernt.[100] Der Leibarzt des Königs, Jean-Baptiste Bruyérin, verteidigt die schwarzen Trüffeln gegen ihre Gegner, die behaupten, sie seien nur gut für die Schweine. Bruyérin veröffentlicht 1560 ein Ernährungsbuch und empfiehlt bereits die Bewässerung der Truffieren, um sie fruchtbarer zu machen.

Die weißen italienischen Trüffeln soll Katharina von Medici nach Frankreich gebracht haben. Die aus Florenz stammende Prinzessin, ab 1547 Königin an der Seite von Heinrich II. und später Regentin, wird von den Chronisten als Vielfraß geschildert, alle Delikatessen der damaligen Zeit stopfte sie in sich hinein. Ob sie den Franzosen mit ihren Küchenchefs zugleich die hohe Kochkunst beschert hat, ist nicht gesichert. Die italienische Küche sei zu dieser Zeit mit ihren Festmahlen nicht weit von den wilden Gelagen des Mittelalters entfernt gewesen, meint der Soziologe Jean-François Revel. Zudem habe sich die französische Küche erst 100 Jahre später wirklich neu entwickelt.[101]

Andererseits zeigt das 1570 veröffentlichte Kochbuch des Italieners Bartolomeo Scappi, der fünf Päpsten als Leibkoch diente, dass die italienische Hochküche der Renaissance erheblich vielfältiger ist als die französische. Trüffeln kommen bei Scappi in fast zwei Dutzend Zubereitungen vor, als Trüffelsuppe, Omelett und Trüffelpastete.[102] Sie dienen als Füllung für am Spieß gebratene größere Tiere, aber auch von jungem Truthahn oder Pfau. Und sie werden zahlreichen Pasteten und Crostata-Teigkuchen zugefügt, zusammen mit Kalbsbries, Mortadella oder Fettammern. In Fischpasteten mischt man sie mit Schleien, Meeräschen oder Knurrhahn, Hummer und Austern, in gebackenen Kuchen mit Pflaumen oder Kirschen. Rohe Trüffeln reibt man noch nicht wie heute über die Speisen. Welche Trüffeln er verwendet, sagt Scappi nicht, es können weiße und schwarze Trüffeln sein, denn er nennt als Sammelzeit September bis März.

In die Zeit des Sonnenkönigs Ludwig XIV. fällt die Geburtsstunde der französischen Hochküche und die Veröffentlichung der ersten modernen Kochbücher. Das erste ist „Le cuisinier françois" (1651) von François Pierre, genannt „La Varenne", das zweite „Les délices de la campagne" (1654) von Nicolas Bonnefons. „Le cuisinier françois" markiert den Wendepunkt der Kochkunst in Frankreich. Seit dem 1390 entstandenen „Viandier" von Taillevent waren vor allem Texte über Gastlichkeit und Diätik erschienen, aber kaum ein eigentliches Kochbuch wie in Italien Scappis „Opera" von 1570 oder in Deutschland Marx Rumpolts „Ein new Kochbuch" von 1587, das allerdings keine Trüffelzubereitungen enthält.

Eine Ausnahme mit Trüffelrezepten ist die 1604 erschienene „Ouverture de cuisine" von Lancelot de Casteau, einem Koch am Hof des Fürstbistums Lüttich. Es ist ein „europäisches" Kochbuch, mit Einflüssen der französischen, der italienischen und der spanischen Küche. Nach seinen Rezepten gart man die Trüffeln in Wasser, schält sie und serviert sie in Scheiben geschnitten mit geschmolzener Butter und Pfeffer.[103] Als Variante werden die Trüffelscheiben in spanischem Wein, neuer Butter und Muskatnuss gedünstet. Auch legt man die Trüffeln „wie Kastanien" in heiße Asche, bevor sie geschält, in Scheiben geschnitten und mit Minze, gekochten Korinthen, Essig und ein wenig Pfeffer serviert werden. Auch ein Trüffelomelett, den ewigen Klassiker, hat Lancelot de Casteau beschrieben: „Man nehme Trüffeln in Scheiben und schmore sie mit Butter, gehacktem Majoran und Petersilie, dann nehme man vier oder fünf mit etwas Wein geschlagene Eigelb und gieße sie immer weiter kochend darüber, ziehe es hinter das Feuer und serviere es so."

Im „Cuisinier françois" von La Varenne und bei Bonnefons ist zu lesen, was sich im 17. Jahrhundert an den französischen Fürstenhöfen als Hochküche entwickelt. La Varenne war Leibkoch des Marquis von Uxelles, eines Regenten von Chalons-sur-Saône in Burgund. Bonnefons hatte das Amt eines Kammerdieners beim Sonnenkönig Ludwig XIV. inne. Ihre Zubereitungen weisen weg von den mit Pfeffer oder Safran überwürzten Speisen des Mittelalters. Nicht mehr der gesundheitliche, diätische Wert der Lebensmittel steht im Vordergrund, sondern der Geschmack der Speisen.

Das tut den Trüffelrezepten gut. Es gibt sieben einfache Zubereitungen. Am einfachsten „Truffes au naturel": mit Wein gut waschen, in Salz und Pfeffer kochen und auf einem gefalteten Tuch (en serviette) oder auf einem Teller mit Blüten servieren. Ein Trüffelragout wird bereitet, indem man die Trüffeln in feine Scheiben schneidet, mit Speck und Petersilie in Bouillon gart und sie dann mit Zitronenscheiben oder Granatapfelkernen serviert, garniert mit Blüten und Blättern. An Fastentagen ersetzt man den Speck durch Butter. „Trockene Trüffeln" werden mit Wein und etwas Essig, Salz und viel Pfeffer gekocht. Man lässt sie vor dem Auftragen in dieser Marinade ziehen. Trüffeln kommen auch in eine Saucenbasis aus Bouillon mit Mehl, Champignons, Zwiebeln und etwas Thymian. Dann gart man sie mit Brotkrumen, Salz und weißem Pfeffer, gewürzt mit Orangensaft, Zitrone und Muskat.

Trüffeln mit Ei nennt La Varenne nicht, die Knollen werden aber in Dutzenden von Pasteten und Fleischgerichten mit Huhn, Lammzungen, Schwein, Rebhuhn oder Tauben verwendet. Und es gibt für den heutigen Geschmack kaum vorstellbare Zusammenstellungen. Für die Potage mit gefüllten Seezungen stopft man in die gebratenen und entgräteten Fische gebackene Austern, Trüffeln, Kapern und Champignons, bevor man sie in Fischbrühe gart und mit Brot serviert. Ob es schwarze Périgord-Trüffeln sein sollen, wird nicht gesagt, eher werden wohl Sommer- oder Burgundertrüffeln benutzt, zumal in manchen Rezepten die im Frühjahr wachsenden Morcheln und Trüffeln gemeinsam verwendet werden.

Der königliche Kammerdiener Bonnefons schreibt 1654, es gebe mehrere Sorten Trüffeln, die man auf dieselbe Weise zubereite: „Die echten Trüffeln haben eine sehr schwarze und raue Haut, aber ihr Fleisch ist weiß, und sie haben einen sehr guten Geruch, denn wenn sie für lange Transporte in ein Gefäß gelegt werden, dann ist ihr Parfum beim Öffnen des Gefäßes so stark, dass es einem die Tränen in die Augen treibt." Die einfachste Zubereitung sei, sie mit Wein und Salz zu kochen und dann auf einer Serviette anzurichten wie Kastanien. Bonnefons zweites Trüffelgericht ist ein Ragout: „Man kocht sie in einer Brühe aus Wein, Essig, Gewürzen, Zwiebeln oder Schalotten, Orangenschale oder Zitrone und feinen oder wohlriechenden Gewürzen wie Thymian, Majoran, Salbei, Rosmarin, Lorbeer oder anderen, je nach Geschmack. Sind sie gekocht, werden sie geschält, in Scheiben geschnitten, und dann gibt man sie in eine Sauce mit Butter oder Mark oder Speck und etwas von der Brühe, in der sie gekocht wurden."

Wenn Bonnefons vom starken Trüffelaroma das Wasser in die Augen getrieben wird, so dürfte jeder Liebhaber der Mélano der Meinung sein, es könne sich dabei nur um die schwarze Edeltrüffel aus dem Süden handeln. Doch innen war seine Trüffel weiß, sodass sie eher aus dem Burgund oder den damaligen Trüffelstellen rund um Paris gestammt haben musste. Andererseits zeigen viele Dokumente aus der Zeit um 1692, dass Trüffeln in den Wintermonaten aus dem Périgord oder der Provence nach Versailles geliefert werden. Auch im Kochbuch von François Massialot, der verschiedenen französischen Fürsten wie dem Bruder Ludwigs des XIV. diente, wird ersichtlich, dass er Périgord-Trüffeln benutzte, denn er führt sie in seinen Menüvorschlägen für die Wintermonate als Ragout auf. Massialots „Cuisinier royal et bourgeois" erschien in immer neuen Auflagen ab 1691 und gilt bis etwa 1750 als das führende Kochbuch.[104] Der Küchenchef führt das Trüffelomelett mit Sahne ein und die mit Trüffelragout angerichteten oder gefüllten Tauben und Hühner. Im 1740 erschienenen Kochbuch „Le cuisinier gascon" werden sogar mit Trüffeln gefüllte Kalbsaugen empfohlen.

Im Frankreich der großen Könige ist man verrückt nach Trüffeln. Die besten schwarzen Edeltrüffeln sind für die Tafeln der Fürsten bestimmt, doch auch die „grauen" werden weiter nach Paris geliefert – und wahrscheinlich in den Küchen auch unter die schwarzen gemischt.[105] Zugleich beginnt man, die Herkunft der Arten zu unterscheiden, die mutmaßlich besten über alles zu loben und andere abzuwerten. Uns führt das zum Begriff des „Gastrochauvinismus". Der Historiker Rittersma hat ihn am Beispiel des Konkurrenzkampfs zwischen den weißen Piemont-Trüffeln und den Périgord-Trüffeln entwickelt.

GOUFFÉ, LE LIVRE DE CUISINE 1867:
KALBSKOPF AUF SCHILDKRÖTEN-ART

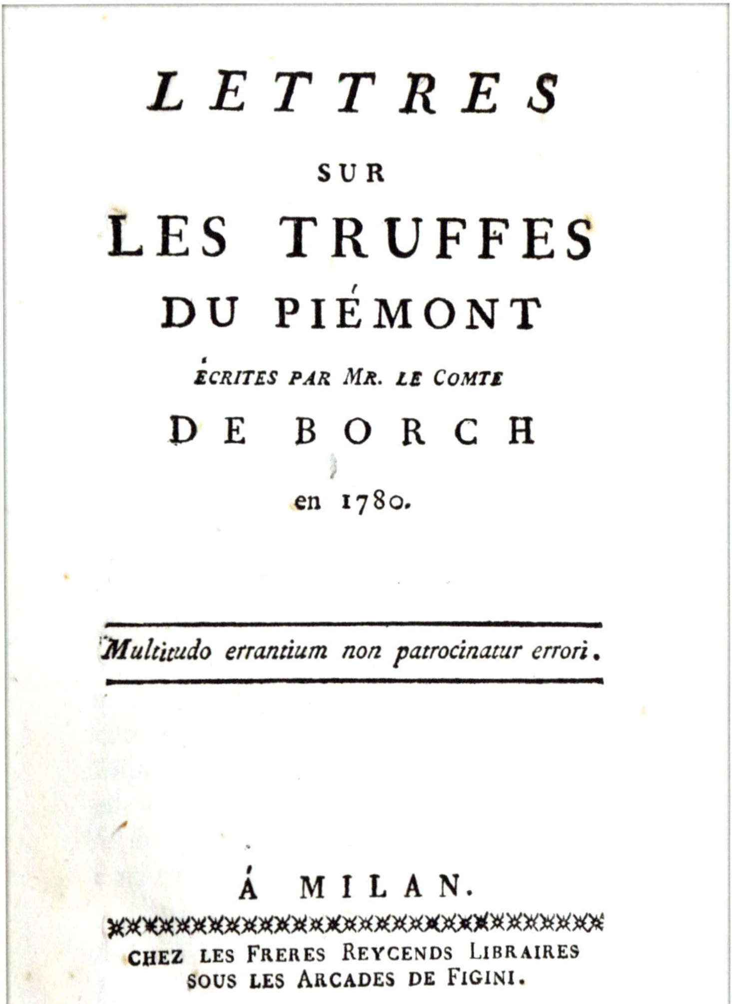

LETTRES
SUR
LES TRUFFES
DU PIÉMONT
ÉCRITES PAR MR. LE COMTE
DE BORCH
en 1780.

Multitudo errantium non patrocinatur errori.

Á MILAN.

CHEZ LES FRERES REYCENDS LIBRAIRES
SOUS LES ARCADES DE FIGINI.

BORCH (1780): BRIEFE ÜBER DIE PIEMONT-TRÜFFELN

GASTRO-CHAUVINISMUS: WEISS GEGEN SCHWARZ

Was kann es Schöneres für einen Gesandten am Hofe von Maria Theresia in Wien geben, als diese Meldung in die Heimat vom 19. Dezember 1774: „Auch hat mir Ihre Majestät die Kaiserin durch einen der Kammerdiener ihres Vertrauens sagen lassen, dass diese Trüffeln so gut waren, dass ihr alles, was sie seitdem gegessen hat, fade und geschmacklos erschien."[106] Der Gesandte war Graf Luigi Malabaila di Canals, Vertreter des sardischen Königs und Herrschers von Savoyen.

Schon die Sumerer und die Römer und später die Herren der Kirche wussten, dass man die Mächtigen und Reichen mit Trüffelgeschenken erfreuen kann. Der heilige Ambrosius fühlt sich im 4. Jahrhundert in Mailand von der Trüffelsendung von Bischof Felix aus Como umgarnt. Das Trüffelgeschenk sei zwar „lecker, aber nicht so mächtig, dass es mich von der berechtigten Klage darüber abhalten kann, dass Du Dich bei mir, Deinem alten Freund, nicht mehr blicken lässt", schreibt er an Felix. „Und hüte Dich, künftig Trüffeln zu finden, die noch größeren Kummer hervorrufen."

Das Haus Savoyen entdeckt die weißen Trüffeln des Piemonts im 18. Jahrhundert als wirksames Geschenk für andere Fürstenhäuser. Zunächst werden Trüffelhunde und Trüffeljäger in andere Länder geschickt, etwa 1730 beginnen die Herrscher, ihre diplomatischen Beziehungen und den eigenen Ruhm systematisch mit Trüffelgaben zu pflegen. Der Staat war gerade durch den Zugewinn Sardiniens zum Königshaus geworden und damit in den Rang der europäischen Großmächte aufgestiegen.

Der Historiker Rengenier C. Rittersma hat in bemerkenswerten Studien gezeigt, wie der Ruf des Hauses mit der Einzigartigkeit der Trüffeln gestärkt werden sollte. Der Forscher definierte dabei den Begriff des „Gastrochauvinismus", eine in vielen Regionen zu beobachtende Haltung: „Unter Gastrochauvinismus verstehe ich die Behauptung lokaler, regionaler oder nationaler Überlegenheit in Sachen Gastronomie aufgrund der Herstellung von bestimmten gastronomischen Produkten und/oder aufgrund einer kulinarischen Tradition."[107]

Kerngebiet Savoyens war zu Beginn des 18. Jahrhunderts die Trüffelregion Piemont mit der Hauptstadt Turin, dazu kam im Norden das Gebiet bis zum Genfer See, das sich bis ins heutige französische Hochsavoyen hineinzog. Schon früher hatten die regierenden Herzöge Wein, Likör, Käse und Tabak als Geschenke an Partner und an andere Staaten versandt. Die Kunde von den besonders delikaten und seltenen Trüffeln aus Italien verbreitet sich schließlich unter Europas Herrscherhäusern. Die ersten Anzeichen der „tartufomania", der Trüffelverrücktheit, machen sich breit. Aus Italien werden Trüffelhunde nach Deutschland, Frankreich, England und Polen geschickt. Am Hof in Turin lässt man Gäste am kuriosen Abenteuer der Trüffeljagd teilnehmen.

Trüffelgeschenke werden der Studie Rittersmas zufolge üblich, nachdem Elisabeth Theresa von Lothringen 1737 ins Haus Savoyen heiratet. Sie lässt ihrem Bruder, dem Herzog von Lothringen und späteren Kaiser Franz den I. an der Seite von Kaiserin Maria Theresia, einige Pfund (livres) Trüffeln schicken, „um ihn diese Art der Früchte unseres Landes probieren zu lassen". Später kommen immer größere Trüffelsendungen aus Turin nach Wien, im Jahr 1768 sind es 176 livres, was 67 Kilogramm entspricht. Die seltenen, teuren und delikaten Piemont-Trüffeln ermöglichen, ein exklusives Image aufzubauen. Die Trüffelgeschenke sind keineswegs Gelegenheitsgaben, sondern ein bewusst eingesetztes Instrument, um das Prestige des Hauses zu stärken. „Das wird es mir erlauben, in einigen Häusern, die ich besuchen muss, vertrauter zu werden", schreibt einer der Botschafter nach Turin.

Mit den Geschenken kann man Großzügigkeit demonstrieren, sie schmeicheln dem Empfänger durch ihre Seltenheit, als überraschende und exzentrische Delikatesse, die sich von der Geschenkroutine bei Hofe unterscheidet. Ob Trüffeln auch wegen ihrer angeblichen aphrodisiakischen Eigenschaften begehrt waren, wird laut Rittersma nie gesagt oder auch nur angedeutet. Man las solche Überlegungen bei Casanova, aber wer hätte schon offen nach „Viagra" gefragt? Die Kosten für die seltenen Knollen und ihre Versendung sind hoch. Die Transporte und die Mengen werden genau überwacht, da so manche Trüffel offenbar auch für private Zwecke abgezweigt wird. Es führt zu Ärger an höchster Stelle, wenn Lieferungen nicht ankommen oder verderben, weil die Fahrer der Postkutschen sie ins Warme stellten oder weil der Zoll Probleme macht. Als Gegengeschenk schickt man aus Wien Tokaier-Wein nach Turin.

Schließlich folgt auf die geschickte gastronomische Profilierungskunst der Fürsten auch „die poetische und wissenschaftliche Produktkommunikation", analysiert Rittersma. Man versucht, die Einmaligkeit der weißen Trüffeln zu Ehren des Piemont und des Herzogs von Savoyen festzuhalten. Zwei Bücher leisten dazu wichtige Beiträge: Um 1776 veröffentlicht Giovanni Bernardo Vigo, ein Rhetorikprofessor aus Turin, sein Trüffel-Lehrgedicht „Tubera terrae". Auf Lateinisch und Italienisch stimmt er darin das Lob der Trüffel an, gefolgt von einer Darstellung ihres Vorkommens, der Suche, der Kulturmethoden und der Zubereitung. Für Vigo ist die Trüffel typisch „für unser subalpines Italien", einmalig wegen der Bodenbeschaffenheit des Piemonts. Weder Trüffeln aus Übersee noch die aus Frankreich, dem großen Konkurrenten in Sachen Gastronomie, könnten mit dem Ruhm der piemontesischen Trüffel wetteifern. „Damit reihte Vigo das Piemont unter die erwählten, privilegierten Gefilde der Welt ein", schreibt Rittersma.

Noch bitterer für das Selbstwertgefühl der Franzosen dürften die Briefe gewesen sein, die der polnische Graf Jean Michel de Borch 1780 ausgerechnet in französischer Sprache als Buch herausgibt: „Lettres sur les truffes du Piémont". Der junge Wissenschaftsreisende hat das Piemont etwa ein Jahr lang besucht, um dann noch einmal zu einer Untersuchung der weißen Trüffeln zurückzukehren und den Piemontesern – allerdings ohne großen Erfolg – seine Methode der Trüffelkultur beizubringen. Er beschreibt auch weiße Trüffeln und bildet sie ab. Allerdings zeigt er nur eine der Piemont-Trüffel ähnliche Art, die schließlich nach ihm *Tuber borchii* genannt wird. 1788 gibt der Turiner Wissenschaftler Vittorio Pico (oder Picco) der echten Piemont-Trüffel dann den passenden wissenschaftlichen Namen *Tuber magnatum*, die Trüffel der Magnaten, der Reichen und Mächtigen.

Für das Piemont war wichtig, dass Borch wie Vigo die Einmaligkeit und die „natürliche Überlegenheit" der weißen Trüffeln loben. Die erste Runde im chauvinistischen Kampf ging somit an Italien. Die Botschaft drang auch ins Ausland. Die weißen Trüffeln würden den schwarzen vorgezogen, heißt es noch 1846 in der in Deutschland weitverbreiteten Enzyklopädie von Krünitz. Unter den Kochrezepten bei Krünitz finden sich aber vor allem französische Rezepte: „Trüffeln à la Périgord, frite", auch der mit Trüffeln gefüllte Truthahn beziehungsweise die Truthenne, die als „Dinde truffée" inzwischen in Frankreich zum Inbegriff des politisch wirksamen Geschenks geworden ist.

SCHWARZ GEGEN WEISS – TRÜFFELN ALS SCHMIERMITTEL

Innerhalb Frankreichs etabliert sich das Périgord als Zentrum der Trüffelkultur und als Synonym für Trüffelqualität, aktiv gefördert durch die lokale Oberschicht in der Hauptstadt Périgueux. Man pflegt auch hier ein intensives Geschenkwesen, schickt Schinken, Fasanenpastete und Trüffeln an regionale Honoratioren und an wichtige politische Persönlichkeiten in Paris und Versailles. Die Stadtregenten von Périgueux geben zwischen 1775 und 1785 jährlich 13 Prozent des Budgets für

Zeremonien und Festivitäten aus, das meiste davon aber für Geschenksendungen mit „Dindes truffées", den getrüffelten Puten, mit Pasteten und frischen Trüffeln. Der französische Forscher Philippe Meyzie beschreibt, wie diese Geschenke für die symbolische Identifikation zwischen Produkt und Region sorgen und damit zu deren nationalem Ansehen führen.[108] Auch wenn die Produktion an Trüffeln aus dem Périgord im Vergleich zu anderen Regionen wie dem Lot um Cahors oder der Provence eher klein war, setzte sich so das Ansehen der Périgord-Trüffel durch.

Was die Konsule und Honoratioren von Périgueux im „Ancien Régime" der Bourbonen im 18. Jahrhundert vorgemacht hatten, wirkt nach der Französischen Revolution fort. Trüffeln sind beliebte Geschenke, dienen der Pflege von Beziehungen und dem eigenen Ansehen. Man setzt sie sogar als direktes politisches „Schmiermittel" ein, um sich Mehrheiten im Parlament zu sichern. Am 1. Februar 1826 berichtet das „Journal du Commerce" von der Aufregung über einen rätselhaften Trüffeleinkäufer, der in den Départements Bouches-du-Rhône und Vaucluse wochenlang alle Trüffeln aufkauft, die er bekommen kann, und nach Paris schicken lässt.[109] Er begleicht die Einkäufe mit staatlichen Zahlungsanweisungen. Die Lieferungen sollen unbedingt vor dem 31. Januar in Paris ankommen – an diesem Tag beginnt die Parlamentssitzung. Resultat: Dank der vielen gut gezielten Trüffellieferungen bleibt der allgemein verhasste Premier- und Finanzminister Jean-Baptiste de Villèle im Amt. Seine Regierung bekommt prompt den Spitznamen „das getrüffelte Kabinett".[110] Alexandre de Bosredon fragt in seinem berühmten Trüffel-Handbuch: „Und wer weiß, wie viele Regierungskrisen uns die Trüffeln wohl seitdem erspart haben?"

Das 1836 erschienene große Trüffelbuch der Herren Moynier macht sich nicht etwa über Villèle lustig, sondern freut sich, dass seine Regierung „die Trüffeln für alle Welt erreichbar" gemacht habe. Die Affäre habe so viele Zeitungsartikel ausgelöst, dass sich die Menschen gefragt hätten: Trüffeln? Was ist das denn? Lasst sie uns mal kennenlernen, jeder hat das gleiche Recht darauf! Der Trüffelkonsum habe sich seit der Affäre Villèle in zehn Jahren verdreifacht. „O Pressefreiheit, das ist eine Deiner Wohltaten!", schreiben die Moyniers. Jedermann könne nun beim Fleischer oder Lebensmittelladen auch klitzekleine Portionen von irgendetwas mit Trüffeln kaufen. Ohne die vielen kritischen und ironischen Artikel, ohne die ganzen Scherze zum Thema – „würde ich Proletarier die Trüffeln überhaupt kennen und essen wollen?"

Das Moynier-Buch gehört für Rittersma zu den Wegbereitern bei der Rückeroberung der Führungsrolle in Sachen Trüffel für Frankreich. Die weiße Piemont-Trüffel findet darin keine Gnade: „Knoblauchgeschmack ist bei diesen Trüffeln besonders dominant; welch ein weiter Weg vom köstlichen Duft, dem balsamischen und aromatischen Geruch, der die echte Feinschmeckertrüffel so

I TARTUFI

POEMETTO

DI GIAMBERNARDO VIGO

PROFESSOR DI RETTORICA

TRADOTTO DAL LATINO.

IN TORINO MDCCLXXVI

NELLA STAMPERIA REALE

Con permissione.

überreich auszeichnet, zum unangenehmen und verachtenswerten Geschmack dieser Piemont-Trüffel", schreiben die Autoren. Die weiße Trüffel habe keinerlei kommerziellen Wert. Wenn sie doch einmal mit schwarzen Trüffeln nach Frankreich verschickt werde, dann sortiere man sie sofort aus, „damit ihr vergifteter Geruch nicht den der wirklich guten Trüffel verändert". Und dann folgt das gastronomische Todesurteil für alle, die anderer Meinung sind: „Wer einen so abscheulichen Geschmack mit Wonne genießen kann, der ist kein Feinschmecker." Und die „beklagenswerten Trüffeln Italiens" seien auch noch so teuer, dass nur die Reichen sie sich leisten können.

„Nur in Frankreich findet man die einzigen und wahrhaft guten Trüffeln, die das Lob aufgeklärter Feinschmecker verdienen und die heutzutage einen so weitverbreiteten Kultstatus erreicht haben", prahlen die Moyniers. Es werden aber auch die französischen Mitbewerber niedergemacht, die Burgundertrüffeln aus dem Elsass, Burgund, der Champagne und anderen nördlichen Regionen des Landes: „Alle diese Trüffeln werden von niemandem gemocht, von keinem Verbraucher gesucht; ihnen fehlt nicht nur alles, was eine gute Trüffel ausmacht, sie haben auch noch den allerschlechtesten Geschmack." Der Rundumschlag des „Gastrochauvinisten" trifft auch die eigenen Landsleute.

Längst nicht alle in Frankreich waren so „trüffelchauvinistisch", wie wir noch sehen werden. Aber bis heute haben sich Ruf und Name der Périgord-Trüffel gehalten, obwohl die Erträge im Périgord schon zu Moynier-Zeiten bei Weitem nicht mit den Mengen der Provence und des Dauphiné Schritt halten konnte. Doch die Händler in Périgueux verstanden es, die Trüffel besser zu vermarkten. Riesige Lieferungen mit Konserven gingen nach Paris. Auch importierte Trüffeln aus anderen Regionen oder aus Italien bekamen in Frankreich das Périgord-Label. Etwa von 1858 bis 1864 eroberten die italienischen Trüffeln zwar den Markt in Frankreich, aber als Verkäufer traten Franzosen auf – sie füllten die aus Spoleto stammenden 5-Kilo-Dosen in kleinere Gefäße um und klebten französische Labels drauf. Auch heute wird ein Konservenprodukt nicht nach dem Ursprung des Rohstoffs bezeichnet, sondern nach dem Ort der Verarbeitung. Proteste gegen solche Verschleierungen waren damals erfolglos und sind es heute immer noch.

Vergeblich bemühen sich die Italiener bis ins 20. Jahrhundert hinein, die Vorherrschaft der Marke Périgord-Trüffel durch die eigene schwarze Norcia-Trüffel abzulösen. Nur das Monopol auf Produkt und Namen der weißen Piemont-Trüffel blieben dem Piemont und der Stadt Alba erhalten. Die Bewertung der Trüffel habe sich im 18. und 19. Jahrhundert an den vorherrschenden politischen und sozialen Verhältnissen orientiert, analysiert Rittersma. „So war es gewiss kein Zufall, dass die Vorrangstellung der Piemont- bzw. der Périgord-Trüffel jeweils mit dem Aufstieg der Fürsten von Savoyen im 18. Jahrhundert bzw. mit der kulturellen Vorherrschaft Frankreichs im 19. Jahrhundert zusammenfiel." Auf vergleichbare Weise sei später von der China-Trüffel die Rede gewesen, die pauschal mit dem Riesenreich gleichgesetzt werde. „Die Périgord-Trüffel", schreibt der Historiker, „symbolisiert die gastronomische Hegemonie Frankreichs, und die China-Trüffel wird zur Kurzformel der Dreigroschendelikatesse und einer botanischen Variante der Gelben Gefahr." Das gastrochauvinistische Marketing funktioniert also heute noch.

GLÜCK UND PECH BEIM PROMI-MARKETING

So erfolgreich, wie die Franzosen im 19. Jahrhundert den Ruf der schwarzen Périgord-Trüffeln etabliert hatten, verstanden es wiederum die Italiener im 20. Jahrhundert, das Image der weißen Alba-Trüffeln aufzupeppen. Beide Namen werden heute fälschlich als Herkunftsbezeichnungen verstanden, obwohl nur verschwindend kleine Mengen der schwarzen und weißen Edeltrüffeln tatsächlich aus dem Périgord beziehungsweise der Langhe-Region um Alba stammen.

Den Markennamen Alba-Trüffel hat der Restaurantbesitzer und Hotelier Giacomo Morra (1889-1963) erfunden.[111] Er stammt aus dem Ort La Morra nahe Alba und führt als junger Mann eine Trattoria in Turin, wo ihm klar wird, welche guten Geschäfte sich mit den Trüffeln seiner Heimat machen ließen. 1928 kommt er zurück nach Alba, übernimmt das Hotel Savona und organisiert im selben Jahr die erste Trüffelmesse der Stadt für die heimischen „Tartufi di Langhe". Danach führt er den Namen Alba-Trüffel ein, und 1934 wird die Messe zur „Fiera del Tartufo d'Alba". Noch heute weisen Fahnen mit dem Porträt von Giacomo Morra als „König der Trüffel" den Weg zum jährlichen Trüffelmarkt.

Morra ist als genialer Marketing-Stratege seiner Zeit weit voraus. Schon bei der Messe 1929 wird das Kilogramm Trüffeln in Alba für 200 Lira verkauft, was damals dem Monatsgehalt eines Grundschullehrers entspricht und um 40 Prozent über den üblichen Preisen liegt. Morra handelt mit weißen und auch mit schwarzen Trüffeln, die er aus Norcia in Umbrien bezieht und auch nach Frankreich verkauft. Nach dem Zweiten Weltkrieg hat er die geniale Idee, schöne große Trüffeln an berühmte Politiker und Künstler zu verschenken. 1949 wird die Filmdiva Rita Hayworth bedacht, zwei Jahre später bekommt US-Präsident Harry Trumann eine Trüffel von 2,5 Kilogramm Gewicht. Auch Marilyn Monroe, Nikita Chruschtschow, Winston Churchill und Alfred Hitchcock werden beschenkt. 1962 sendet Morra eine Trüffel an Papst Johannes XXIII. 16 Jahre später erhält auch Johannes Paul II. seine Edelknolle. Beide Päpste seien später zu Heiligen erklärt worden, merkt die römische Zeitung „La Stampa" vielsagend an, als 2017 auch Papst Franziskus eine Trüffel akzeptiert.[112]

In Frankreich findet der regelmäßige Trüffelmarkt in Richerenches im Trüffelgebiet Tricastin schon seit 1923 statt. Am dritten Sonntag im Januar wird außerdem in der alten Kirche des Ortes ein Trüffel-Gottesdienst zelebriert, das französische Hochamt des Trüffelkults. Vor über 60 Jahren führte der Geistliche des Orts die Trüffelmesse ein, um Geld für die Renovierung des Gotteshauses zu sammeln. Bei der Messe werden Trüffeln als Kollekte gespendet, die man anschließend zugunsten der Kirche versteigert.

Diese schöne Art des Opfers wird 40 Jahre lang ohne großen Pomp vollzogen, bis 1982 die Trüffelbruderschaft von Tricastin entsteht. Sie nimmt sich zum Ziel, die immer rarer werdende Mélano-Trüffel zu verteidigen. Großmeister, Kammerherren und Kanzler der „Confrérie du Diamant Noir et de la Gastronomie" zelebrieren seitdem in schwarzen Umhängen und Hüten feierliche Kapitelsitzungen. Das Motto der Bruderschaft beginnt mit den Worten: „O Trüffel *Tuber melanosporum*, ich ehre Deine Tugenden, ich gelobe, Dir immer und überall zu dienen, in Wort, Schrift und Tat ..."

Die Bruderschaft erfindet auch die stille kleine Messe neu. Man schreitet seitdem in einer Prozession in Schwarz zur Kirche, auf dem Altar liegen zwei besonders schöne Trüffeln, die der Priester segnet. Wer nicht in die überfüllte Kirche passt, kommt draußen in den Genuss eines Public Viewing; im Anschluss daran findet die Versteigerung der Trüffel-Kollekte statt.

Für den Trüffelhändler Pierre-Jean Pébeyre ist das der pure Horror: „Alles nur für die Werbung und für ein paar Touristen auf dem Weg zum Skifahren nach Courchevelles." Er schimpft, „Parasiten der Trüffel" hätten die Messe zurückgekauft. Man habe die Tradition verfälscht und zu allem Überfluss auch noch den asketischen heiligen Antonius zum Patron der Trüffelzüchter erklärt und eine kleine Skulptur des Antonius mit Schwein in die Kirche gestellt. Daran ist der Schriftsteller Gustave Flaubert schuld. 1849 lässt er auf dem Höhepunkt der Trüffelmania in Frankreich in seinem Werk „Die Versuchung des heiligen Antonius" das Schwein des Heiligen die libyschen Trüffeln der Antike aus dem Sand graben. Das waren aber Wüstentrüffel, für deren Suche man gar keine Sauen brauchte!

Um dem werbewirksamen Spektakel aus dem Tricastin nicht nachzustehen, wird 1994 in Frankreich eine Bruderschaft für die Burgundertrüffel *Tuber uncinatum* gegründet, die „Confrérie de la truffe de Bourgogne, Tuber uncinatum gustate sublime". Ihr Sitz ist in Is sur Tille im Burgund, von wo alten Dokumenten zufolge mindestens ab 1390 Trüffeln an den französischen Hof geliefert wurden. Es folgen weitere Bruderschaften, die sich Sommer-, Winter- und den Teertrüffeln widmen. In der Provence entsteht eine Bruderschaft der „Rabasse provençale" zur Förderung der schwarzen Edeltrüffeln. Sie proklamiert, dass die Trüffeln Grundlage einer Lebensart, ja einer Zivilisation seien. Jedes neue Mitglied muss geloben, sein ganzes Leben lang jeden Monat mindestens einmal Trüffeln zu essen.

Mit der Neuerfindung des medienwirksamen Trüffelspektakels in Richerenches sind die Franzosen sogar schneller als die Italiener. Diese wiederum übertrumpfen die Konkurrenz im Nachbarland 1999 mit der Idee, ihre Alba-Trüffeln in jedem Jahr durch eine Versteigerung zu wohltätigen Zwecken ins Licht der Öffentlichkeit zu rücken. Schauplatz ist die Burg von Grinzane Cavour bei Alba, wo sich Ende November stets viel Prominenz einfindet. Man kann auch per Satellit von London, Macao oder Abu Dhabi aus mitbieten.

Die dicksten Knollen sichert sich zwei Jahre hintereinander der chinesische Milliardär Stanley Ho. 2007 ersteigert er eine Piemont-Trüffel von knapp 1497 Gramm für 330 000 Dollar, im Jahr darauf eine Kilo-Trüffel von 1080 Gramm für 200 000 Dollar. Der Erlös geht an Krankenhäuser und karitative Einrichtungen; die 1,5-Kilo-Trüffel wird bei einem Galadinner in Macao verspeist. Ein italienisches Trüffelbuch jubelt im Stil des alten Trüffelchauvinismus: „Aus einem exklusiven Eliteprodukt vom Lande sind Trüffeln zu Botschaftern der Solidarität und zum spürbaren Beweis des Geistes der Solidarität geworden, für den Italien und die Italiener stets bekannt waren."[113]

Eine noch größere Monstertrüffel von 1,886 Kilogramm sollte im Dezember 2014 für eine Million Dollar bei Sotheby's in New York versteigert werden. Die Trüffel wird von der Firma Sabatino Truffles als ein Fund aus Umbrien angeboten. Nach Recherchen des amerikanischen Trüffelhändlers Ian Purkayastha aus New York könnte sie aber in Wahrheit aus Serbien stammen und dort für rund 18 000 Dollar an die Italiener verkauft worden sein. Die große Knolle erbringt bei der Auktion nur 61 250 Dollar und geht an einen Bieter aus Taiwan. Die Geschichte endet Purkayastha zufolge auch für den Käufer im Pech. Die Trüffel sei verfault in Taiwan angekommen.[114]

Ein ähnliches Desaster erlebt im Jahr 2004 das Restaurant „Zafferano" in London. Der Besitzer Enzo Cassini hat für 28 000 Pfund in Italien eine Trüffel aus dem Gebiet von San Miniato in der Toskana im Gewicht von 860 Gramm ersteigert. Die Trüffel vergammelt, weil der Restaurant-Chef versehentlich den Schlüssel des Kühlraumes mit in den Urlaub nimmt.[115] Nach der Rückkehr beerdigt Cassini die fauligen Reste in seinem Garten. Dies wiederum lässt die Bürger von San Miniato nicht ruhen, und sie erreichen, dass die Trüffel wieder „exhuminiert", repatriiert und in der heimischen (gar heiligen?) italienischen Trüffelerde bestattet wird.[116]

ERFOLGSSTORY: WEISSE TRÜFFELN AUS ISTRIEN

Mit gemächlichen Schritten folgt Darko Muzica den Hündinnen Bella und Bistra durch die matschigen Pfade des Auwaldes im Tal des Flusses Mirna. Auf der Höhe liegt malerisch das alte Städtchen Motovun. Unten erschnüffeln die beiden Labrador-Mischlinge das weiße Gold von Istrien, die Edeltrüffel *Tuber magnatum*. Ich bin mit einem deutschen Trüffelliebhaber auf die kroatische Halbinsel Istrien gekommen. Das Trüffelgebiet an der Adria diente fast hundert Jahre lang nur als Lieferant für die Trüffelhändler Norditaliens. Jetzt entwickelt es immer mehr Selbstbewusstsein und Eigenständigkeit.

Darko Muzica ist der Präsident der Udruga Tartufara Istra, der Trüffel-Vereinigung von Istrien. Der freundliche, geduldige Mann arbeitet im Hauptberuf in einer Fabrik, die Zubehör für die Automobilindustrie herstellt. In der verbleibenden Zeit sucht er Trüffel und baut seinen eigenen Wein an. Jetzt, in der Trüffelsaison von September bis Dezember, ist er fast täglich noch vor Sonnenaufgang mit seiner Stirnlampe morgens früh im Wald, bevor er am Nachmittag in die Fabrik fährt. Offiziell darf erst ab sechs Uhr früh nach Trüffeln gesucht werden, aber viele Trüffeljäger halten sich nicht an die Zeitgrenze, die zur Schonung des Auwaldes eingeführt wurde.

Darko hat uns am Vortag in seinem Haus im Örtchen Barusici begrüßt, in kroatischer Gastfreundschaft sofort Wein vom eigenen Weinberg und ein Glas vom Selbstgebrannten angeboten, dazu Scheiben vom eigenen Schinken aus dem Keller: „Iss nur, iss nur, iss!" In der Küche holt er die gelbe Plastikbox mit den jüngsten Funden aus dem Kühlschrank: intensiv duftende weiße Edeltrüffeln von Walnuss- bis Kinderfaust-Größe. Von der Ausbeute dieses Morgens hat Frau Renata zum Frühstück ein Trüffelomelette bereitet, wie es in dem bescheidenen Haushalt wohl nur für Gäste auf den Tisch kommt. Kleine Trüffelstücke wurden mit einer Reibe in die Eierspeise geraspelt, dazu noch ein paar Scheiben darüber gehobelt. Köstlich!

Danach werden die beiden Hündinnen aus dem Zwinger in eine vergitterte Holzkiste hinten im kleinen Citroën-Kombi verfrachtet. Auf dem Nachbargrundstück steht eine ganze Familie um ein großes, frisch geschlachtetes und gerade heiß abgebrühtes Schwein herum, das jetzt zerteilt werden soll. Wir fahren wenige

Kilometer ins Tal in den staatlichen Wald von Motovun. Am Ufer des begradigten Flussbettes stehen alle paar hundert Meter Autos von Trüffelsuchern. Im Wald wachsen dicht an dicht Stieleichen und andere Lieblingspartner der weißen Edeltrüffel. Die Stämme der schlanken Bäume tragen kniehohe Gamaschen aus Moos, die spitzen Blätter der roten Mäusebeere pieken durch die Hosen. Man grüßt andere Trüffeljäger im Wald und geht sich dann mit den Hunden aus dem Weg.

Sieht man Darko mit seiner grüngrauen Mütze und Weste im Schlendergang hinter den Tieren durch den Wald streifen, erkennt man, dass ein erfolgreicher Trüffelsucher vor allem ein Hundeversteher sein muss. Die mehr als zwölf Jahre alte Bistra schnüffelt herum und bleibt mit wedelndem Schweif vor der Stelle stehen, an der ihr der Duft einer Trüffel in die Nase steigt. Erst wenn Darko sich neben sie kniet, wird gemeinsam weitergesucht. Der Hund kratzt mit den Pfoten, der Mensch hilft mit der kleinen Trüffelschaufel und nimmt ab und zu etwas Erdreich zur Riechprobe auf. Wenn die Knolle genau lokalisiert ist, weicht Bistra zur Seite. Darko bohrt den Pilz vorsichtig mit Fingern und Schaufel aus dem lehmigen Boden. Bistra bekommt zum Lohn etwas Brot aus der Westentasche. Die jüngere Hündin Bella kratzt dagegen sofort aufgeregt und wild an ihren Fundstellen herum. Darko schiebt sie immer wieder weg und stellt ihr die kleine Schaufel in den Weg, um nach den Trüffeln graben zu können.

Der Weg führt auf Baumstämmen über tiefe Gräben. Ab und zu schlabbern die Hunde Wasser aus Löchern in Baumstümpfen. In manche Astgabeln haben Trüffelsucher zur Orientierung Dosen oder Plastikflaschen geklemmt. Darko zeigt die Stellen, wo er vor Tagen eine sehr große 300-Gramm-Trüffel ausgegraben hat. Heute findet er es zu kalt. Die Ernte wird tatsächlich erst besser, als die Sonne durch die grauen Wolken bricht und der Wald merklich intensiver zu duften beginnt. Ob auch Trüffel-Aroma in der Luft liegt, erkennen nur die Hunde. Ein Dutzend kleine Trüffeln wandern in Darkos Taschen.

Als wir nach zwei Stunden ins Haus der Familie zurückkehren, ist das Schwein beim Nachbarn zerteilt. Kopf und Keulen, Herz und Leber hängen an Haken im Hof. Darkos Hunde kommen wieder in den Zwinger. Ein älterer Nachbar mit prächtiger roter Nase lädt zum Glas Wein in seinen engen Keller, bevor es in Darkos Küche eine köstliche Suppe gibt und Darko und seine Frau sich auf den Weg zur Arbeit machen. Auch Renata Muzica arbeitet in der Fabrik, Sohn Leo studiert Informatik, die Tochter Katarina arbeitet in Zagreb.

Vor der Rückfahrt nach Deutschland können wir am Tag darauf Trüffeln abholen. Wir bekommen sie ungewaschen mit, dann halten sie besser. „Für den Export nach Australien und USA müssen wir die Trüffeln bürsten und waschen", sagt Darko, „in Europa nicht." Als Kontrast zum Trüffel-Luxus nehmen wir Darkos weißen Teran-Wein und den roten Malvasia in 1,5-Liter-Plastikflaschen mit.

Die Preise für die weißen Edeltrüffeln aus Istrien liegen in diesem Jahr 2019 zu Anfang Dezember zwischen 500 und 1500 Euro pro Kilo. Es werden drei Kategorien unterschieden – unter 20, dann bis 50 Gramm und dann größere Trüffeln. Man ist auch für sehr schöne, makellose Trüffeln deutlich von den 3000 bis 5000 Euro pro Kilogramm entfernt, wie sie in Alba im Piemont üblich sind oder den 6000 bis 8000 Euro, die deutsche Feinkostgeschäfte vor Weihnachten verlangen. Eine Gruppe von 20 Trüffeljägern stimmt die Preise je nach Ernte- und Marktlage täglich per Messenger-Dienst Viber mit Darko ab. Zu seinem Verband gehören etwa 150 von mehreren Hundert lizensierten Trüffelsuchern im Raum Motuvun.

Darko erklärt in gebrochenem Englisch mithilfe von Sohn Leo, wie der Trüffelmarkt in Istrien funktioniert. Die Gesamternte des kroatischen Gebietes schätzt er auf 5 bis 15 Tonnen pro Jahr. Die offiziellen Zahlen liegen deutlich darunter, denn vieles geht trotz häufiger Kontrollen der Behörden auf nicht deklariertem Weg und steuerfrei an private Trüffelfreunde, Restaurants oder nach Italien, wo viele istrische Trüffeln nach wie vor als Alba-Trüffel deklariert werden. Durch das höherwertige Label erfahren sie eine Wertsteigerung von etwa 20 Prozent.

Im Jahr 2016 ergab eine Untersuchung in Italien, dass etwa 15 Prozent aller Alba-Trüffel aus Istrien stammen. Auch Darko kennt diese Zahl, und sie scheint ihn mehr zu erfreuen als zu ärgern. Zwar machen kroatische oder italienische Händler ein Zusatzgeschäft – andererseits wird bewiesen, dass die weißen Trüffeln aus Istrien denen aus dem Piemont gleichwertig sind.

ZWEIMAL ENTDECKT

Die Ebenbürtigkeit der Edeltrüffeln aus Istrien war schon vor 90 Jahren bestätigt worden, als der italienische Naturforscher und Künstler Massimo Sella sie auf der Halbinsel entdeckt. Istrien gehörte damals zum italienischen Königreich. Trüffeln waren fast unbekannt, teilweise gab man die komisch riechenden, kartoffelartigen Knollen den Schweinen zum Fraß. Sella arbeitete am Ozeanographischen Institut in Rovinj, als er 1929 mit einem Bekannten bei Motovun weiße Trüffeln findet. Er erforscht ihr Vorkommen in Istrien dann systematisch und lässt die Trüffeln von Prof. Oreste Mattirolo in Turin untersuchen, dem führenden italienischen Trüffelexperten seiner Zeit. Und dieser bestätigt, dass die Trüffeln aus Istrien die gleichen geschmacklichen Qualitäten haben wie die aus dem Piemont.[117]

1933 gründet Sella mit Baronin Barbara von Hütterott, der in Rovinj lebenden Tochter eines deutschstämmigen Industriellen, das Unternehmen Azienda del Tartufo Levade, den ersten Trüffelhandel in Istrien. Die Firma sichert sich das Exklusivrecht zum Trüffelhandel und erlässt strenge Regeln für die Trüffelsuche. Die ersten Trüffeljäger mit ihren Hunden werden aus Norditalien geholt, wohin dann nahezu die gesamte Ernte von rund einem Dutzend Tonnen Trüffel pro Jahr geht. Eine der Folgen ist, dass sich Streit und kriminelle Praktiken ausbreiten, wie sie in den italienischen Trüffelgebieten auf der anderen Seite des Adriatischen Meeres üblich sind: Trüffelsucher bekämpfen sich mit Gewalt, Trüffelhunde der Konkurrenten werden vergiftet.[118]

VIGO (1776): ERSTE DARSTELLUNG EINER TRÜFFELSUCHE MIT EINEM HUND

TUBERA

CARMEN.

Herculeas nuper trans metas, pressaque nulla
Quondam puppe freta alterius nemora alta petivi,

a

Mit Beginn des Zweiten Weltkrieges bricht der Trüffelmarkt zusammen. Barbara von Hütterott wird 1945 mit ihrer Familie von Partisanen getötet, Sella geht zurück nach Italien. Im Nachkriegs-Jugoslawien entwickelt sich erst in den 1960er Jahren wieder ein lebhafter Trüffelhandel und -schmuggel nach Italien. In Istrien selbst spielen Trüffeln aber weiter eine geringe Rolle. In den 1980er Jahren werden 95 Prozent der Ernte nach Italien verkauft.

Dann kommt die Stunde von Giancarlo Zigante, der zentralen Figur der jüngsten Erfolgsgeschichte der Trüffeln von Istrien. Schon Anfang der 1970er Jahre hat er sich als 21-Jähriger für die Trüffelsuche interessiert. Er erkennt schnell, welche lukrativen Möglichkeiten sich ihm eröffnen. In der Trüffelsaison 1986 findet er 125 Kilogramm *Tuber magnatum* – genug, so erzählt er in seinem sorgfältig dokumentierten Erinnerungsband[119], um sich einen Mercedes zu kaufen. Sechs Jahre später gründet er im Ort Levade bei Motovun die Firma Zigante tartufi. Es ist eine Zeit, als die Trüffeln in Istrien noch wenig geschätzt werden. Der jugoslawische Staat hatte es in der Wirtschaftskrise aufgegeben, den Trüffelhandel zu steuern.

Der eigentliche Startschuss für den geschäftlichen Aufstieg Zigantes fällt am 2. November 1999, als er in Levade eine weiße Riesentrüffel von 1,31 Kilogramm Gewicht präsentiert. Er will sie selbst mit seiner Deutsch-Kurzhaar-Hündin Diana bei dem Ort gefunden haben – manche Trüffelkenner in Istrien behaupten aber, er habe sie einem anderen Trüffelsucher abgekauft. Der Pilz kommt als die bis dahin größte weiße Trüffel der Welt ins Guinness-Buch der Rekorde. Zigante entscheidet sich clever, die Riesenknolle nicht bei einer Auktion versteigern zu lassen, sondern lädt 100 Gäste zum Trüffelessen ein. Medienwirksam wird die „Millennium"-Trüffel Gastronomen, Weinhändlern, Trüffeljägern und Politikern auf die Teller gehobelt. Dazu lässt Zigante noch eine Nachbildung aus Bronze fertigen und platziert eine große Nachbildung aus Metall in der Mitte eines Kreisverkehrs nahe seinem Restaurant: Levade wird zum Mittelpunkt der Trüffelwelt erklärt.

Schon 1997 hat Zigante Trüffelprodukte mit synthetischem Aroma auf den Markt gebracht, dann eröffnet er den ersten Trüffelshop in Levade. Wer ihn besucht, findet dort in der Saison frische weiße und schwarze Trüffeln, schwarze Trüffeln in Dosen und über das ganze Jahr Dutzende von Produkten mit Aroma: Öl, Wurst, Mayonnaise, Marmeladen, Honig, Käse, Pasta, Butter, Salz, Schnaps, Kartoffelchips, Schokoladencrème und andere Desserts. Eine Tartufata-Trüffelpaste besteht aus gemahlenen weißen und schwarzen Trüffeln mit Aroma.

Zigante hat viel in Italien gelernt, aber auch eigene Ideen entwickelt. Er steht damit keineswegs allein. Eine ähnliche Kreativität entwickeln auch andere Firmen in Istrien, die stets eine eigene Geschichte mit einer möglichst langen Trüffeltradition ihrer Familie liefern: Karlic Tartufe und Pietro & Pietro haben ihre

Läden in Motovun, Buzet oder anderen kleinen Orten. Wir treffen Daniele Puh, die junge Chefin von Pietro & Pietro in Buzet, einer der größten Trüffelfirmen in Kroatien mit einem Umsatz von rund zwei Millionen Euro im Jahr. Pro Jahr kauft die Firma rund eine Tonne weiße Tuber magnatum-Edeltrüffeln, sagt Daniele Puh. 80 Prozent davon werden frisch exportiert. Auch hier beruht inzwischen rund die Hälfte des Umsatzes auf den mit synthetischem Aroma hergestellten Trüffelprodukten.

Die Trüffelwelt von Istrien hat das gemeinsame Ziel, die Trüffeln der Region im Vergleich zu den italienischen aufzuwerten. Daniela Puh sagt: „Die Leute sollen nicht nach Alba-Trüffeln fragen, sondern sagen, wir wollen Istrien-Trüffeln haben." Auch die Gastronomie will die eigenen Trüffel in den Vordergrund rücken. Im Restaurant Vrh von Dejan Zlatovic und seiner Frau in Buzet steht ein Metallschild mit dem Aufdruck „Tartufo vero", echte Trüffel. Das Label wird vom istrischen Tourismusverband an Gaststätten vergeben, die sich verpflichten, bei Trüffelgerichten keinerlei synthetisches Aroma zu verwenden. Es gibt ein saftiges Rührei mit weißen Edeltrüffeln und dann einen köstlichen Schokokuchen mit Olivenöl und hauchdünn gehobelten Trüffelscheibchen.

Zlatovic unterteilt die weißen Edeltrüffeln in drei Kategorien. Die oberste sind die „Joker" über 100 Gramm Gewicht, die zweite umfasst Trüffel bis 30 Gramm, die dritte die kleineren. „Im Geschmack sind die kleinen die besten", meint er. Seine Frau hat in der Küche auch Stückchen von weißen Trüffeln ins Omelette gerührt, bevor es am Schluss mit hauchdünnen, intensiv duftenden Trüffelscheibchen überdeckt wird. „30 Gramm pro Teller", sagt Zlatovic, aber ich mag ihm die große Menge nicht glauben. Auch die Gaststätte Konoba Mondo in Motovun gehört zu den „Tartufo vero"-Restaurants. Aber mit der Frage des künstlichen Aromas nimmt man es hier weniger genau. „Wenn die Amerikaner den Trüffel-Geschmack hier nicht stark genug finden, gießt der Koch auch noch ein bisschen Trüffelöl auf den Teller", verrät der Kellner.

Im slowenischen Norden der Halbinsel Istrien ist die Suche nach Trüffeln seit 2011 erlaubt. Istrien ist auch nicht das einzige Balkan-Gebiet, aus dem Trüffeln nach Italien und andere Länder exportiert werden. Weiße Edeltrüffeln werden seit den 1990er Jahren auch aus dem weiter östlichen Karpatenbecken geliefert, so aus Serbien, Ungarn und auch Rumänien. Die Ausgangslage für ein selbstbewusstes Auftreten und eine erfolgreiche Eigenwerbung erscheint in der kroatischen Tourismus-Region aber besonders günstig. Da die Trüffelsaison schon im September beginnt, sind die Aussichten sogar besser als etwa in Spanien, wo die Trüffelsaison nicht schon im September, sondern erst im Winter richtig beginnt.

Wie lange es dauert, eine gastronomische Kultur tief zu verwurzeln, kann man am Beispiel Frankreichs betrachten.

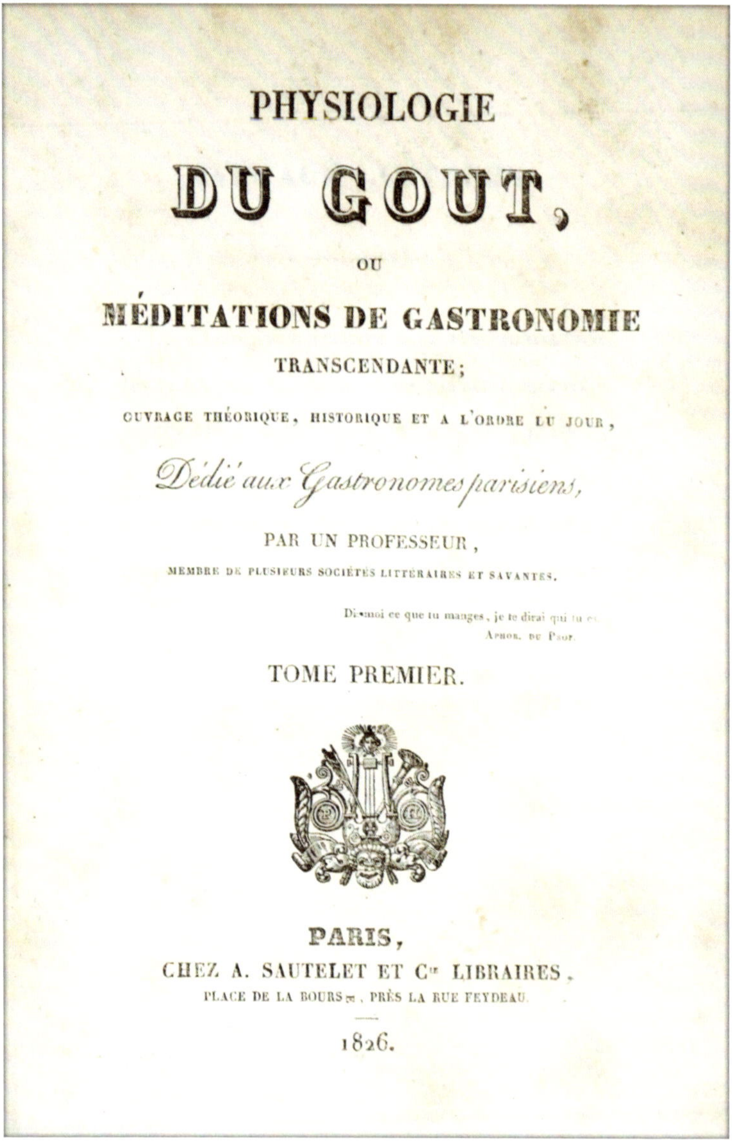

PHYSIOLOGIE

DU GOUT,

OU

MÉDITATIONS DE GASTRONOMIE

TRANSCENDANTE;

OUVRAGE THÉORIQUE, HISTORIQUE ET A L'ORDRE DU JOUR,

Dédié aux Gastronomes parisiens,

PAR UN PROFESSEUR,

MEMBRE DE PLUSIEURS SOCIÉTÉS LITTÉRAIRES ET SAVANTES.

Dis-moi ce que tu manges, je te dirai qui tu es.
APHOR. DU PROF.

TOME PREMIER.

PARIS,

CHEZ A. SAUTELET ET CIE LIBRAIRES,

PLACE DE LA BOURSE, PRÈS LA RUE FEYDEAU.

1826.

BRILLAT-SAVARIN (1826):
PHYSIOLOGIE DES GESCHMACKS

GASTROSOPHIE: DIE GEBURT DER GASTRONOMIE

Die gastronomische Vorherrschaft Frankreichs ging von einem tiefgreifenden Wandel aus. Die Diätik nach den Lehren der Antike geriet in der Renaissance zunehmend in den Hintergrund, während das Geschmacksprinzip auf Kosten des Gesundheitsprinzips in den Vordergrund rückte. Erst entdecken die Fürstenhöfe und Adelshäuser die feinen Speisen und die echten Trüffeln, dann auch die gehobenen bürgerlichen Schichten. Sie halten sich eigene Köche, es eröffnen mehr und mehr Restaurants, es erscheinen „bourgeoise" Kochbücher. Die „Befreiung der Gourmandise" hat Historiker Jean-Louis Flandrin diese Entwicklung genannt.[120]

Die Revolution von 1789 bis 1799 hat diese Entwicklung nur vorübergehend unterbrochen. Nach der Machtübernahme durch Napoleon wird in Paris die Gastronomie geboren, mit Gourmetkritikern wie Grimod de La Reynière und über das Essen philosophierenden „Gastrosophen" wie Brillat-Savarin. Wer etwas auf sich hält, ist Leckermaul und Feinschmecker, Gourmet oder mehr verfressener Gourmand. Nur kurz ist die Unterbrechung auch für Trüffelliebhaber. „Die Trüffeln wurden verboten, weil sie eindeutig aristokratisch und suspekt erscheinen, wie Kutschen und Perückenpuder", schrieb Gilibert de Merlhiac in seiner Geschichte der Trüffeln. „Aber die Trüffel wurde amnestiert, und ihr Wiedererstarken war wirklich überwältigend."[121]

Im Jahr 1804 eröffnet der ehemalige Konditor Nicolas Appert seine erste Konservenfabrik. Er hat das Einkochen von Speisen in hermetisch geschlossenen Gläsern erfunden und publiziert die Methode im Jahr 1810. Auch eingekochte Trüffeln können nun ohne allzu drastischen Geschmacksverlust aufbewahrt und transportiert werden. Denn vorher wurden sie frisch oder gekocht in Olivenöl, Wein, Essig, Branntwein, Wasser oder Salz gelegt oder in Speck gepackt und verloren auf den oft langen Wegen viel von ihrem wertvollen Aroma. In Schweineschmalz konservierte man Trüffeln sogar bis zu zwei Jahre. Frische Trüffeln aus dem Piemont wurden ungewaschen in einer mit Wachs verschlossenen Kiste in Sand transportiert. So könne man sie zwei Monate aufbewahren und in die entferntesten Länder transportieren, schreibt Trüffelliebhaber Alexandre Martin – ihr Aroma muss sich aber dabei stark verändert haben.

GRIMOD DE LA REYNIÈRE, DER TRÜFFELTESTER

Die Genießerszene in Paris wird vor und nach der Revolution von einem Adligen mit dem klingenden Namen Alexandre Balthazar Laurent Grimod de La Reynière geprägt, einem kuriosen Advokaten, Schriftsteller und Schlemmer. Der Sohn eines schwerreichen Steuereintreibers trug wegen seiner von Geburt missgebildeten Hände zwei Eisenprothesen, die er unter Handschuhen verbarg. Schon als gerade 20-Jähriger lädt er „tout Paris" zweimal in der Woche in den Palast seines Vaters an der Place de la Concorde ein, zu bizarren und skandalträchtigen Herrengelagen. Vorsitzender der lukullischen Treffen wird, wer 22 Tassen Kaffee am schnellsten leert.[122] Mehrere dieser berühmt-berüchtigten „Déjeuners philosophiques" inszeniert Grimod 1783 wie Beerdigungen. Einmal lädt er zur Mittagszeit zur eigenen Beisetzung ein, um dann plötzlich doch aufzutreten und zu überprüfen, wer nicht erschienen ist. Die Revolution übersteht Grimod außerhalb der Hauptstadt – um sich danach als erster Gourmetkritiker neu zu erfinden.

Ab 1803 erscheint acht Jahre lang sein „Almanach des Gourmands", ein erfolgreiches Start-up mit ganz neuer Geschäftsidee. Grimod will den durch die Revolution reich gewordenen Bürgern einen Gourmetführer an die Hand geben, damit sie mit ihren neuen Essgelüsten und aus ihrem Geld das Beste machen können. Er empfiehlt Geschäfte, die Lebensmittel zu vernünftigen Preisen anbieten. Grimod ist von überbordender und zynischer Begeisterung. In einem Text über getrüffelte Gänseleberpastete aus Straßburg zeigt er kein Mitleid mit dem „ziemlich unglücklichen Leben" der Gänse, denen man damals die Füße auf ein Brett nagelte, um sie nahe dem Feuer mit Futter vollzustopfen. „Das wäre ein inhumanes Opfer, wenn die Gans nicht von dem Schicksal getröstet würde, das sie erwartet", fabuliert Grimod. „Wenn sie bedenkt, dass ihre Leber – größer als sie selbst, mit Trüffeln gespickt, in einem guten Teig – den Ruhm ihres Namens durch ganz Europa tragen wird, dann wird sie sich ihrer Bestimmung ergeben und noch nicht mal eine Träne vergießen." Den Gänsen zur Genugtuung mag daran erinnert werden, dass Grimods Großvater an einem zu großen Bissen Gänseleber erstickt ist.

Der Erfolg seines Almanachs ist überwältigend, und Grimod bekommt so viele Geschenksendungen mit Delikatessen aller Art, dass er eine Degustations-Jury gründet. Man arbeitet als Blindverkoster. Die Speisen werden getestet, ohne dass man die Namen der Hersteller nennt. Es geht nicht nur um teuren Luxus. Eine Poularde könne man auch mit einfacher Kresse statt opulenten Trüffeln füllen, schreibt Grimod. Im achten Band im Jahr 1811 handelt er die Trüffeln ausführlicher ab: „Die Trüffeln sind eine der größten Wohltaten, welche die Vorsehung in

GRIMOD DE LA REYNIÈRE (1805):
SITZUNG DER FEINSCHMECKER-JURY

ihrer unermesslichen Großzügigkeit den Feinschmeckern zu gewähren geruhte. Für sich allein serviert, ist es eine der größten Luxusspeisen, und die feinsten Gourmets und die hübschesten Schauspielerinnen des Vaudeville [und das sagt alles] geben ihr vier Monate des Jahres den Vorzug." Auch für den strengen Kritiker sind die Trüffeln aus dem Périgord die besten aus Frankreich. Die weißen aus Turin hätten einen unerträglichen Knoblauchgeruch, den nur die Piemonteser ertragen könnten, schreibt Grimod. Man dürfe die Trüffeln nur ganz reif ernten und solle sie zur Erhaltung des Aromas lieber in der Erde vom Fundort aufbewahren, anstatt sie sofort zu waschen. „Wir sollten uns nicht beschweren, wenn wir für ein Pfund Erde aus dem Périgord fünf oder sechs Francs bezahlen, denn ihr haben wir es zu verdanken, wenn die Trüffeln gesund und gut parfümiert sind." Und man soll sie frisch essen, die in Sand, Öl oder Alkohol aufbewahrten verlören ebenso wie die getrockneten gänzlich Aroma und Geschmack.

All diese Ratschläge sind auch noch heute nachvollziehbar, erstaunlich nur, dass Grimod glaubt, Trüffeln würden eine Substanz enthalten, die dafür sorgt, dass sich ein mit ihnen gefüllter Geflügelbraten mehr als eineinhalb Monate aufbewahren lässt. Wie auch immer: „Eine Pute mit Trüffeln ist ein Braten von größtem Luxus und eine Pastete aus Wild oder Fettleber mit Trüffeln ist das wahre Paradies auf dieser niederen Welt." Und auch für Grimod sind die Trüffeln ein vorzügliches Aphrodisiakum, nämlich „eines der feinsten Gerichte, das der Reichtum der Sinnlichkeit schenken kann".

Höchstes Lob zollt Grimod 1808 dem Trüffel-Maraschino-Likör eines Herstellers aus Saint-Étienne. Der „Marasquin de truffes" verbinde das Aroma der Sauerkirschen und der Trüffeln perfekt, man fühle sich von der Zwischenspeise zum Dessert und zurückversetzt. Nun könne man den Trüffelgeschmack auch in den acht Monaten des Jahres ohne frische Ware genießen. Nur eine prominente Darstellerin des Vaudeville-Theaters gesteht der „Jury des dégustateurs" in einem Brief vom 12. Januar 1810 voller Selbstvorwürfe, Trüffeln seien für sie ein Horror. In den Theatern der Zeit wurden Trüffelleckerbissen gern in den Pausen genascht. Was tut die Jury? Sie nimmt Minette Ménestrier als ein weibliches Mitglied auf, um sie an die Delikatesse zu gewöhnen: „Ihr fehlt nur eines, um perfekt zu sein, nämlich die Trüffeln zu lieben, und wir hoffen, dass das noch kommt, denn sie ist ja erst 19 Jahre alt."

Zu den Testessern Grimods gehört auch Jean Anthèlme Brillat-Savarin, Richter am Kassationsgericht, der unvergessen bleibt, weil er der Nachwelt das gastronomisch-philosophische Werk „La physiologie du goût" hinterlässt, die „Physiologie des Geschmacks". 1826 habe der Ruhm der Trüffel den Höhepunkt erreicht, schreibt der Gastrosoph darin. Man wage gar nicht mehr zu erzählen, dass man an einem Essen ohne Trüffeln teilgenommen habe. Wie gut auch eine

Vorspeise an sich sein möge – sie stehe schlecht da, wenn sie nicht mit Trüffeln angereichert ist. Ein Trüffelragout werde von der Dame des Hauses stets persönlich serviert – „kurz, die Trüffel ist der Diamant der Küche". Wörtlich vom „schwarzen Diamanten", wie so oft zitiert wird, hat der Autor nicht gesprochen, aber zweifellos die schwarzen Trüffeln gemeint.

Wie der gastrosophische Richter Trüffeln aß, beschreibt der Arzt und Botaniker Joseph Roques: „Sehen Sie diesen schlemmerhaften Richter, wie er gerade mit Wonne die wohlriechenden Moleküle der Trüffeln von Sarlat genießt? Man möchte sagen, er sitzt am Tisch der Könige. Wie sein Teint sich vergoldet! Wie seine vor Freude glänzenden Augen zeigen, was sein Magen fühlt, diese innere Zufriedenheit, diese sichere Erwartung einer glücklichen Verdauung." Denn ob die Trüffeln für den Körper gut seien und gut verdaulich, beschäftigte die verfressenen Gourmets der Zeit ständig. Galenos' Theorie der Körpersäfte wirkte noch immer fort.

Grimod zieht sich nach dem endgültigen Sturz Napoleons auf ein Schloss außerhalb von Paris zurück. Die große Rolle des Gastrosophen übernimmt Brillat-Savarin, die kulinarischen Forschungen über Pilze und Trüffeln setzt Joseph Roques fort. Er hat ebenfalls an den Testessen bei Grimod teilgenommen und schon Bücher über Nutz- und Giftpflanzen verfasst, als er 1832 seine „Histoire des champignons comestibles et vénéneux" herausbringt, die „Geschichte der essbaren und giftigen Pilze". Es ist das erste ausführliche Buch auch über die kulinarischen Qualitäten der Pilze, voller Weisheiten über das Essen, Anekdoten und Rezepte. Die Trüffel regiere in Alleinherrschaft, schreibt Roques, nicht nur wie früher bei kleinen Abendessen, sondern bei politischen Banketten und ministeriellen Essen, wo sie manchmal Wunder hervorbringe. Da ist sie wieder, die Trüffeldiplomatie: „Wie viele Male wurden durch ein vorzügliches Trüffelragout Widerstände besiegt, Zweifel bereinigt und Gewissen erschüttert! Ja! Wer könnte der Macht dieser magischen Komposition widerstehen?" Auf einer prächtigen Tafel bildet Roques in seinem Buch die *Tuber melanosporum* in fünf verschiedenen Varianten ab: Er glaubt, man könne auch optisch die Trüffel aus dem Périgord von denen aus anderen Regionen wie Drôme, Quercy oder Vaucluse unterscheiden.

Sein Rezeptteil („Die Trüffel verschönert alles, was sie berührt") beginnt mit einfachen Rezepten wie dem „Ragout de truffes" aus in Öl oder Butter gegarten Trüffeln mit Salz und Pfeffer und endet mit „Truffes du Piémont à la Rossini". Anders als etwas später die Moyniers äußert sich Roques keineswegs abfällig über die weiße Piemont-Trüffel, im Gegenteil: „Sie hat einen feinen, delikaten Geschmack, einige ziehen sie sogar der schwarzen Périgod-Trüffel vor wegen des lebhaften und durchdringenden Geruchs, den sie verströmt." Roques nennt auch andere große Liebhaber der weißen Trüffeln, außer Gioachino Rossini, Komponist

ROQUES (1832): TRÜFFELN AUS FRANKREICHS REGIONEN

des „Barbier von Sevilla", noch Englands genusssüchtigen König Georg IV. und Frankreichs Ludwig den XVIII. „Sie trösteten sich über die Gebrechen des Alters hinweg, indem sie Trüffeln aßen." Und Roques erzählt die Anekdote, wie König Ludwig XVIII. gerade eine große Portion Piemont-Trüffeln isst, als er von seinem Leibarzt besucht wird. Auf die Frage, was er davon halte, sagt der Arzt: „Ich denke, sie sind etwas schwer verdaulich und vielleicht sollte sie man nur zum Würzen verwenden." Der König, frei nach Voltaire: „Die Trüffeln sind nicht das, was das eitle Volk darüber denkt."

Für die „Truffes du Piémont à la Rossini" werden fein geschnittene weiße Trüffeln in eine Vinaigrette mit Öl aus Aix-en-Provence, feinem Senf, Essig, etwas Zitronensaft, Pfeffer und Salz gemischt. Der Komponist habe diesen anregenden Salat beim Lukullus der Finanzen, Baron Rothschild, angerichtet und alle begeistert, schreibt Roques. Das könne man auch mit schwarzen Trüffeln machen, man solle aber zwei Eigelbe und etwas Knoblauch zugeben, um ihnen den Geschmack und die Weichheit der Piemont-Trüffeln zu verleihen. Das entspreche in etwa der „Sauce provençale" von Carême.

CARÊME UND DIE GASTROSOPHEN

Antonin Carême (1774-1833), das ist der berühmte Koch, der die Gäste des französischen Chefdiplomaten Charles-Maurice Talleyrand nach dem Sturz Napoleons beim Wiener Kongress verzauberte. Carême war der Begründer der klassischen französischen Küche, er schuf pompöse Tafelaufbauten für große Essen, bei denen auch Unmengen von Trüffeln zur bloßen Dekoration verwendet wurden. Anders als heute, wo man schwarze Oliven nimmt, um Trüffeln zu imitieren, lässt er Olivenimitate aus Trüffeln schnitzen. Talleyrand nutzt Carêmes Kunst, um seine politischen Ziele zu erreichen, und bringt, wie Roques schreibt, sogar „die guten Deutschen" dazu „ihre wolkige Stirn zu glätten".

Zu den Trüffelkreationen des Meisters, der später für den Zaren, den britischen Kronregenten und für den Bankier Jakob Rothschild arbeiten soll, gehört ein Trüffelpudding, bei dem fein geschnittene, in Butter sautierte Trüffeln mit etwas Madeira und Muskat in einer mit Teig ausgelegten Pastetenform im Wasserbad gegart werden.

Eines der verschwenderischsten Rezepte aus dieser Zeit des Trüffelüberflusses erhält Roques vom Marquis de Cussy. Der lässt Trüffeln mit Speck, Gewürzen und etwas Knoblauch andünsten und füllt eine gerade geschlachtete Poularde, ohne sie vorher zu rupfen, mit den heißen Trüffeln. Wenn das Fleisch des Geflügels nach einiger Zeit den Duft aufgenommen hat, wird es gerupft und gebraten – allerdings mit einer neuen Füllung von frischen Trüffeln! „Die Feinschmecker Athens oder

Roms hätten Monsieur Cussy für eine so schöne Erfindung mindestens einen Lorbeerkranz zugesprochen", schwelgt Roques. Aber in Frankreich sei man ziemlich undankbar, denn man habe das Rezept einfach ignoriert.

Der große Küchenchef Urbain Dubois nutzt die Trüffeln das ganze Jahr über und würzt Gerichte mit Trüffelpuder und Trüffel-Essenz. Nach dem Trüffelbuch der Moyniers bereitete man aus zwei Pfund Trüffeln einen Achtelliter Essenz. Man brauchte dann nur einige Tropfen, um ein Gericht zu aromatisieren. Frische Trüffeln werden bei Dubois mit Gänseleber, Geflügel und Lachs zubereitet und prächtig dekoriert auf die Tafeln gebracht. Dubois lobt 1868 aber auch die vorzüglichen weißen aus dem Piemont, die von den Gourmets sehr geschätzt würden und nicht gekocht werden müssten. Er bereitet sie mit Anchovisbutter zu. Zwei Jahre später gibt es im deutsch-französischen Krieg im belagerten Paris so wenig Fleisch, dass Elefanten und andere Tiere des Zoos geschlachtet werden. Das „Café voisin" in der Rue Saint Honoré serviert zu Weihnachten 1870 „Antilopenterrine mit Trüffeln". Der gute Wein war noch nicht alle, und man füllte die Gläser dazu mit 1846er Mouton Rothschild und 1858er Romanée Conti. Wie ernst das Menü war, ist nicht ganz klar, denn es stand neben Kamel-, Wolfs- und Bärenfleisch auch Katze von Ratten flankiert darauf.

Der Ruhm der großen Köche und ihrer Trüffelrezepte erreicht natürlich auch Deutschland, wo Carl Fridrich Ruhmor sein Werk „Geist der Kochkunst" schon drei Jahre vor Brillat-Savarins „Physiologie des Geschmacks" veröffentlicht hat. Für Ruhmor war schon 1822 klar, dass die Trüffel „die erste Zierde reichbesetzter Tafeln" ist. Die besten kämen aus dem Périgord und aus dem Tal der Etsch bei Trient. „Die Trüffeln werden insgemein in siedendem Weine von der anklebenden Erde befreyet. Einige schälen die Trüffel; allein der beste Geschmack ist gerade in ihrer etwas holzigen Schale enthalten." Trüffeln werden in Wein und Fleischbrühe mit Pfefferkörnern abgesotten und dann auf einem Tuch mit Butter serviert oder auf italienische Art zubereitet: „Fein gehobelt, mit etwas Öl, Salz und Pfeffer, auf einem Teller erhitzt, zuletzt Citronensaft darüber gedrückt; auch wohl mit Parmesankäse bestreut. Dasselbe auf abgebackenen Brodtschnittchen angerichtet."

Auch Ruhmor kannte den Wert der Trüffelgeschenke. „Was die Trüffel, als Würze betrachtet, in Tunken, in Pasteten, in Füllungen leistet, weiß nunmehro die ganze gesittete Welt. Denn seitdem man erkannt hat, daß Mahlzeiten auf die Stimmung des menschlichen Herzens einen entscheidenden Einfluß ausüben, mithin von köstlichen Mahlzeiten in öffentlichen Sendungen häufig Gebrauch macht, ist die Diplomatie eine wahre Propaganda alles Schmackhaften, Leckeren und Seltenen geworden." Aber die steigenden Preise! Leider sei „jenes zweydeutige Gebilde der Natur" an der Quelle verteuert worden, was „manchem stillen Verehrer des Schönen und Anmutigen den Genuß verkürzen" mag.

Eugen Baron Vaerst erfindet 1854 das Wort „Gastrosophie" als Titel eines Buchs über das Essen und lobt darin den balsamischen Wohlgeschmack der Trüffeln. Die weiße Piemont-Trüffel sei in Geruch und Geschmack feiner und deshalb die vorzüglichste Art. „Von der Verdauung der Trüffel schweige ich", schreibt Vaerst, „aber gewiß ist nichts wohlschmeckender als eine getrüffelte Gänseleberpastete; sie erinnert an das berühmte Wort des ‚Almanach des gourmands': So zubereitet – wer würde da nicht seinen leiblichen Vater verspeisen?" Der Feinschmecker scheint sogar den Trüffeltod zu fürchten: „Dies Gericht hat unzweifelhaft mehr Gourmands getödtet als die Pest", meint Vaerst. „Jedermann weiß das, sieht aber dennoch den Trüffeln mit Sehnsucht entgegen und ißt sie mit Delice, ohne an ihre Verdauung zu denken. Und dennoch ist es wahr, dass es viel mehr vergnügte Herzen geben würde, wenn es bessere Magen in der Welt gäbe."

Dabei hatte Brillat-Savarin die seine Zeitgenossen umtreibende Frage, ob Trüffeln Bauchgrimmen verursachen, schon geklärt: Die Trüffel sei gut verdaulich, entschied sein Feinschmecker-Komitee aufgrund zahlreicher Erfahrungsberichte. Einen davon lieferte der Juristen Malouet, der Mengen an Trüffeln verspeiste, „die einem Elefanten den Magen hätten verderben können", und doch 86 Jahre alt wurde. Man muss die Trüffeln aber gut kauen. Denn einem anderen älteren Gourmand, Monsieur Simonard, wird nach einem reichlichen Trüffelessen bei Brillat-Savarin schlecht: „Man machte bereits die Unverdaulichkeit der Trüffeln verantwortlich, als die Natur dem Patienten zu Hilfe kam. Monsieur Simonard öffnete seinen großen Mund und rülpste gewaltsam ein einzelnes Trüffelstück heraus, das gegen den Wandteppich schlug und mit Macht wieder zurückprallte – nicht ohne Gefahr für die Helfer."

Brillat-Savarins abschließendes Urteil über die Verdaulichkeit der Trüffel ist eindeutig: „Mit einem Wort, die Trüffel ist ein gesundes und angenehmes Nahrungsmittel, das, mäßig genossen, durchgeht wie ein Brief bei der Post."

GRIMOD DE LA REYNIÈRE (1808): FEINSCHMECKER-TRÄUME

TRÜFFELKÜCHE: VOM KILO ZUM GRAMM

Vorbei die Zeiten des schönen Überflusses! Vor 130 Jahren sollte man einen jungen Truthahn noch mit zweieinhalb Kilogramm Périgord-Trüffeln füllen. Oder zwei Kilo Trüffeln mit einem Kilo Fleisch und etwas Speck in Champagner kochen. Heute, wo das Kilo Edeltrüffeln vierstellige Summen kostet, müssen einige Gramm fein gehobelt für ein Gericht reichen. Der Molekularkoch Ferran Adrià verwendete wenige hauchzarte Scheiben Sommertrüffeln und ein paar Tröpfchen künstliches Trüffelöl für eine Kreation. Nach Ansicht des amerikanischen Wissenschaftlers und Kochfanatikers Nathan Myhrvold ist die schwarze Périgord-Trüffel eigentlich bereits aus der französischen Küche verschwunden. Vergleicht man die damals und heute benutzten Mengen, hat er beinahe recht.

Sumerer, Griechen und Römer hatten nur die Wüstentrüffeln. Wir wissen nicht, wie die Sumerer sie zubereitet haben, doch kennen wir die überwürzten Rezepte der Römer. Die Wüstentrüffeln aus Asien und Afrika sind in Europa als Frischprodukt fast vergessen. Am längsten hielten sich die geschmacksarmen Knollen noch in Spanien. Schon der spanische Mönch Antonio Vazquez de Espinosa hat nach seiner Rückkehr aus Peru im Jahr 1622 notiert, dass es Kartoffeln gebe, die besser als die Wüstentrüffeln seien.[123]

Nach den Wüstentrüffeln kamen die schwarzen und weißen Speisetrüffeln auf die Küchenzettel der Mächtigen, danach wurden sie auch beim Bürgertum serviert. Anfangs waren das in Frankreich noch Sommer- oder Burgundertrüffeln, die aber bald von der Mélano aus dem Périgord verdrängt wurden. In der Kochkunst entwickelt sich gegen Ende des 19. Jahrhunderts in Frankreich nach den überladenen Kreationen von Antonin Carême und den dekorativen Künsten von Jules Gouffé oder Urbain Dubois die modernere Haute Cuisine.

ESCOFFIER, DER KAISER DER KÖCHE

Auguste Escoffier begründet die moderne Kochkunst. Der französische Küchenchef, den Kaiser Wilhelm II. den „Kaiser der Köche" nannte, wird in den Hotelrestaurants von César Ritz in Monte Carlo, London und Paris weltberühmt. Sein erst 1923 auch auf Deutsch erschienener Kochkunstführer quillt über vor

URBAN-DUBOIS (1874):
»CUISINE ARTISTIQUE« MIT TRÜFFELDEKORATION

URBAN-DUBOIS (1874): »CUISINE ARTISTIQUE« MIT TRÜFFELDEKORATION

Trüffelrezepten. Darin finden sich Klassiker wie Trüffeln in der Asche gebacken, in Champagner gekocht, gedämpft in Rahm, als Pastete gebacken und „à la serviette", in einem Tuch serviert. Der „Steinbutt nach Regentenart" wird mit Trüffelspießchen verziert und mit Krebsen und Trüffelsauce gereicht. Escoffiers Geflügel- und Austernklößchen nach Königinart bekommen eine Trüffelscheibe als Krönchen.

Über den großen Restaurants der damaligen Zeit muss eine „Trüffelduftglocke" gehangen haben. Von 96 Masthuhnrezepten Escoffiers enthalten fast zwei Drittel Périgord-Trüffeln – die Poularde à la Périgord wird mit 200 Gramm olivenförmig ausgestochenen Trüffeln gefüllt, dem Masthuhn mit Trüffeln werden zusätzlich Trüffelscheiben unter die Haut geschoben – später „Poularde in Halbtrauer" genannt. In den Bauch der „Poularde nach Margarete von Savoyen" stopft man gebratene Lerchen und weiße Piemont-Trüffeln, bevor man sie mit Parmesan-Maiskuchen aufträgt. Der Höhepunkt ist das „Masthuhn Sainte-Alliance", das vom Oberkellner mit drei Gehilfen zelebriert werden muss: Zu der mit zehn Trüffeln gefüllten Poularde gibt es außerdem gebratene Ortolane und sautierte Gänsestopfleber, alles muss gleichzeitig auf den Teller. Escoffier schwärmt, die Juwelen der Küche seien bei diesem 1905 im Carlton in London eingeführten Gericht vereint: die Brüste einer schönen Poularde, Gänseleber, Ortolan und Trüffeln.

Escoffiers Vorlieben beherrschen die europäische Spitzenküche bis weit ins 20. Jahrhundert. Joseph Favre, der Schweizer Gründer der französischen „Académie culinaire", führt in seinem zuerst 1894 erschienenen „Dictionnaire universel de cuisine pratique" 20 Rezepte unter dem Stichwort „Truffe" auf, zudem werden Trüffeln in zahlreichen weiteren Rezepten zum Füllen von Hühnern, in Saucen oder Salaten benutzt.

Die für den Geschmacksexperten beste Art, Geflügel zu füllen, ist eine „Truffage suprême", bei der das Fleisch nacheinander das Aroma der weißen und der schwarzen Trüffeln aufnimmt. Man stopft weiße Trüffeln in einen Vogel und lässt ihn 24 Stunden hängen, dann ersetzt man die Piemont-Trüffeln durch eine Farce aus Périgord-Trüffeln: „Auf diese Weise werden die weißen Trüffeln das Fleisch bis auf den Knochen parfümiert haben, während die schwarzen Trüffeln sich knackig, aromatisch und geschmackvoll präsentieren."

In Deutschland erscheint 1838 in Weimar das erste umfassende Trüffelbuch. Als „Gabe für Gastronomen und Feinschmecker" beschreibt der anonyme Autor die Verwendung der Trüffeln für die feinere Kochkunst.[124] Der Hauptteil des 216 Seiten starken Bandes besteht aus Rezepten. Die meisten sind aus dem französischen Trüffelbuch der Herren Moynier von 1836 übertragen, außerdem fügt der Bearbeiter Kochanweisungen „anerkannter und ausgezeichneter Kochkünstler" hinzu. Das heute nahezu unfindbare Buch hatte offenbar nur eine geringe Verbreitung und wenig Ausstrahlung. In der 1845 erschienenen ersten Auflage des Kochbuchs der Westfälin Henriette Davidis, der berühmtesten Kochbuchautorin Deutschlands, sucht man vergeblich nach Trüffeln.

Marie Susanne Küblers Buch über „Das Hauswesen" von 1873 enthält hingegen schon den französischen Puter mit Trüffeln. Man nimmt eineinhalb Kilo Trüffeln, dämpft sie mit Speck und lässt den damit gefüllten Puter dann erstaunliche „10 bis 14 Tage" an einem kalten Ort hängen! Das muss einen wahrhaft intensiven Geschmack und „Haut goût" wie bei Wildgerichten ergeben haben. Es sei ein ziemlich kostspieliges Gericht, merkt Frau Kübler an, aber man könne einem Puter den Trüffelgeschmack auch auf „billige Art" beibringen, indem man ihm eine einzige Trüffel in Scheiben geschnitten unter die Brusthaut schiebt.

1883 bringt Carl Kloeber in Quedlinburg „Die Pilzküche" heraus, das erste deutsche Kochbuch für Pilzfreunde, gewidmet den Hausfrauen und Chefs de Cuisine. Er übernimmt auf 25 Seiten zahlreiche französische Rezepte für „die Aristokratin der Pilze", darunter auch Trüffeleis, für das man acht bis zehn Trüffeln, Sahne, Eiweiß und Zucker benötigt. Auch in Henriette Davidis „Praktischem Kochbuch" gibt es in der 32. Auflage von 1891 einige Trüffelrezepte für normale bürgerliche Haushalte und ein „Rezept aus einer gräflichen Küche": Trüffeln in Burgunder oder „auf andere Art" mit Speckscheiben in Weißwein. „Es gilt dies als das Feinste, was eine feine Küche geben kann." Einen Trüffelkartoffelsalat soll man mit Austern und Granatapfel anrichten.

Das deutsche „Universallexikon der Kochkunst" von 1908 zählt 25 reine Trüffelrezepte auf, die alle von Escoffier stammen. Für die Berufsköche kommen in dieser Zeit offensichtlich nur Edeltrüffeln infrage. Wenige Pilzexperten würdigen wie Emil Siebert in seinem Buch über „Pilze und Pilzgerichte" von 1904 auch Sommertrüffeln als „ganz vorzüglichen Speisepilz", ebenso die Mäandertrüffel und die Gekrösetrüffel *Tuber mesentericum*. Trüffelgemüse kocht Siebert mit Speck und Rotwein, verdickt die Sauce mit Speisemehl und benutzt am Ende auch noch Maggis Würze. Das Ganze sei „fein, aber für die gewöhnliche Küche etwas teuer".[125]

Danach beginnen die schweren Zeiten des Kriegs, und ein Hauptlehrer Joseph Hertkorn aus Rastatt rät 1915 in einem kleinen Buch dringlich, alle Pilze zur Sicherung der Ernährung des deutschen Volks zu nutzen. Die weißen und schwarzen Trüffeln müssten aber wegen ihres hohen Preises aus der Liste der Volksnahrungsmittel ausscheiden.[126] Eugen Grambergs Pilzkochbuch empfiehlt 1917 dann wieder Sommertrüffeln und weiße Mäandertrüffeln als vorzügliche Speisepilze und enthält in den Ausgaben des Buchs bis 1941 auch ein Rezept für Trüffelleberwurst.

Nach dem Ersten Weltkrieg und dem starken Rückgang der Trüffelernten in Frankreich und Deutschland kennt Frieda Nietlispachs „Meisterwerk der Küche"

KLOEBER (1883): DAS ERSTE DEUTSCHE PILZKOCHBUCH

von 1932 Trüffeln nur noch als Zutat von Füllungen oder Pasteten. Die Autorin verzichtet auf eine Überfülle von Rezepten, „nach denen in unserer wirtschaftlichen Lage nur noch wenige Küchen kochen können". Zu den wenigen zählt die im Münchner Hotel Vier Jahreszeiten, wo der berühmte Küchenchef Alfred Walterspiel von 1926 bis 1960 am Herd steht. Seine bevorzugte Zubereitungsmethode für Trüffeln preist er selbst als „Göttergericht": Eine geschälte Trüffel von etwa 150 Gramm wird in Sherry und Hühnerbrühe gegart. Dann isst man sie scheibchenweise mit eiskalter Butter und trinkt dazu die Trüffelbrühe aus einer Mokkatasse.

Bei Walterspiel kommen nur Trüffeln aus dem Périgord in den Topf. Er lässt sie noch schälen, während dies später aufgrund der Preise mehr und mehr aus der Mode kommt. Zudem entdecken immer mehr Köche, dass die Schale der Périgord-Trüffel am intensivsten schmeckt. Werden Trüffeln doch geschält, so muss man die harte Rinde unbedingt aufbewahren und für Saucen verwenden.

VON PAUL BOCUSE BIS FERRAN ADRIÀ

Anfang der 1970er Jahre nehmen sich die Verfechter der „neuen Küche" in Frankreich auch der Trüffeln an. Meisterkoch Paul Bocuse ist noch der Tradition verhaftet und zitiert 1976 in seiner „Cuisine du Marché" Escoffiers Trüffeln in der Asche. Dazu erfindet er die berühmte „Soupe aux truffes", die dem französischen Präsidenten Valéry Giscard d'Estaing gewidmet ist: Jeder Gast erhält eine kleine Terrine mit Blätterteighaube, in der eine 50-Gramm-Trüffel mit gewürfeltem Gemüse und Gänseleber in Brühe gegart ist. Man durchsticht die Haube mit dem Löffel und atmet zuerst den köstlichen Duft ein.

Als Vorreiter der „Nouvelle cuisine" in Frankreich kreiert Michel Guérard dann den damals verrückten „Salade folle" mit Gänsestopfleber, Trüffeln und grünen Bohnen. Er gart auch Trüffeln mit Hühnerfleisch in der Salzkruste, kombiniert Jakobsmuscheln und Austern mit Trüffeln. In Deutschland führt Eckart Witzigmann die feine Küche zu neuen Höhen und kocht im Münchner Restaurant „Tantris" Sellerierahmsuppe mit Trüffeln. Besonders fein sind seine Krabbenröllchen mit Spargel und Trüffeln oder klassisch-modern die mit frischer Gänseleber und Trüffeln gefüllten Wachteln. Steinbutt kommt bei Witzigmann mit Trüffelbutter aus der Küche, Lachs mit Lauch und Trüffeln.

Frankreichs „Jahrhundertkoch" Joël Robuchon erweitert in den 1980er Jahren das geschmackliche und dekorative Spektrum der Trüffelgerichte. Seinen flachen, dicht mit ausgestochenen Trüffelscheiben belegten Tartes verleiht er Zwiebel- und Räucherspeckaromen, auch werden die Trüffelscheiben mal schuppenförmig mit Kartoffelscheiben der Edelsorte La Ratte gemischt.

Mittlerweile sind die Spitzenköche auch aus Kostengründen längst bei der grammweisen Zuteilung der Trüffeln gelandet. Doch es geht sogar ganz ohne. Den durch den hohen Preis entmutigten Liebhabern empfiehlt der auf Pilze spezialisierte Pariser Koch Roland Durand das „Trüffelomelett ohne Trüffeln". Dafür legt man Trüffeln einen Tag lang mit extra frischen Eiern in ein dicht verschlossenes Gefäß, und das Aroma dringt durch die porösen Schalen. Das Rezept erhielt Durand von provenzalischen Trüffelsuchern, die sich auf diese Weise köstliche Omeletts zubereiteten, bevor sie ihre unversehrten, vielleicht jedoch etwas weniger intensiv duftenden Trüffeln am nächsten Tag auf dem Markt verkauften.[127]

Auch die Zunft der modernistischen Köche nimmt sich in den 1990er Jahren der Trüffeln an, allen voran Ferran Adrià aus Spanien. In seinem Restaurant „El Bulli" an der Costa Brava kommt ein „Cappuccino" aus schwarzem Trüffelsaft mit Mandelschaum auf den Tisch, dazu auch Eislutscher aus Spargel und schwarzer Trüffel. Adrià legt delikat geröstete Kabeljauhaut in heiße Trüffelgelatine und kombiniert schwarze Trüffeln mit Schokolade und Esskastanien.

In Adriàs Küchenlabor wird auch mit dem hellen Fleisch der Sommertrüffeln gearbeitet. Der Spanier nimmt sie als Ersatz für weiße Piemont-Trüffeln und nennt sie „falsche Trüffel". Ohne Scheu vor Industrieprodukten setzt er ebenso wie andere Neuerer der Avantgardeküche künstliches Trüffelöl zur Geschmacksverstärkung ein. Mit Trüffelöl berieselte Sommertrüffelscheiben seien ein eigenes Produkt, das es ermöglicht, „eine Trüffelart mit anderem Charakter und Aroma zu genießen", argumentiert der Koch. Ausschlaggebend sei das Endergebnis, etwa bei Ravioli aus falschen Trüffeln mit Paprikakernen und Joghurt oder bei Trüffelscheiben auf Kartoffelschaum.[128] Sommertrüffeln legt Adrià auch auf eine hauchdünne Apfeltorte, auf weiße Schokolade und auf eine glasartige, hauchzarte Zuckerfolie.

Adriàs Kollege Quique Dacosta aus Denia in der Provinz Alicante stellt weiße Trüffeln am Stiel her, die aus Gelatine, Sojaöl, Parmesan und Trüffelöl bestehen. Das Gemisch wird als Schaum geformt und dann mit festem Zuckerstoff umhüllt und kunstvoll mit Gold- und Bronzepulver gefärbt, damit es wie eine Piemont-Trüffel aussieht. Selbst der französische Starkoch Alain Ducasse verstößt gegen das Reinheitsgebot der Trüffelzunft. Er benutzt Trüffelöl als Geschmacksverstärker für einige Gerichte mit weißen Piemont-Trüffeln und sogar für Rezepte mit Périgord-Trüffeln.

Die Sommertrüffeln – diesmal ohne Öl – verwendet Ducasse in einem Hummerrezept.[129] Selbst bei einer provenzalischen Institution wie „Bruno des truffes", dem Koch Clément Bruno aus Lorgues, werden jetzt italienische Frühlingstrüffeln, die *Tuber borchii*, mit Hummer gekocht. Er mischt die verschiedensten Trüffelarten und peppt Sommertrüffeln mit italienischem Trüffelöl auf. Die Sommertrüffel kommt auch in der neuen skandinavischen Regional- und Naturküche wieder zu

Ehren, ebenfalls zusammen mit Trüffelöl. René Redzepi im „Noma" in Kopenhagen verwendet Trüffeln von der schwedischen Insel Gotland und serviert sie mit Topinambur, Haselnussschaum, Heuöl und Joghurt.

So kehren die in Vergessenheit geratenen schwarzen Sommer- und Burgundertrüffeln langsam in die besten Restaurantküchen zurück. Zu lange hatten sie gegen die intensiveren und massenhaft angebotenen Périgord-Trüffeln keine Chance. Die Trüffelforscher Gérard Chevalier und Henri Frochot widmeten der Burgundertrüffel 1997 ein ganzes Buch mit immerhin 40 Rezepten. Darunter sind auch die Lieblingszubereitungen der Familie des deutschen Sammlers Gerhard Groß aus dem Saarland, der schon 1975 die besten Rezepte seiner Frau veröffentlichte, etwa „Trüffeln nach Art der gräflichen Küche". Dabei werden die Trüffeln auf dünne Scheiben von rohem Schinken oder Dörrfleisch gelegt, mit Lorbeer, Thymian und Knoblauch gewürzt und dann in Weißwein gekocht. Besonders delikate Burgundertrüffelkreationen hat Jean-Marie Dumaine in Sinzig geschaffen, der Deutschlands Trüffeln an der Ahr wiederentdeckt hat.

MOSAIK VON TRÜFFEL UND JAKOBSMUSCHEL: EIN KLASSIKER DES DEUTSCHEN 3-STERNE-KOCHS HARALD WOHLFAHRT

POCHIERTES EI MIT GÄNSELEBER, TOPINAMBURPÜREE UND PÉRIGORD TRÜFFEL: EIN KLASSIKER DER DEUTSCHEN KOCHLEGENDE HANS HAAS, TANTRIS, MÜNCHEN

DAUMIER (1853): EIN MONSIEUR, DER TRÜFFELN GESÄT HAT

KULTIVIERUNG: ZURÜCK ZU DEN ANFÄNGEN

DIE DIREKTE METHODE – TRÜFFELN VERGRABEN

Bereits im ersten Buch, das vor fast einem halben Jahrtausend über Trüffeln veröffentlicht wird, zeigt sich der Autor davon überzeugt, dass man Trüffeln aussäen kann, obwohl sie wie alle Pilze gar keine Samen hätten. Der italienische Arzt Alfonso Ceccarelli empfiehlt im Jahr 1564 im „Opusculum de tuberibus", reife Trüffeln auszugraben, sie in kleine Stücke zu schneiden, wieder mit Erde zu mischen und an einer ähnlichen Stelle einzugraben. Danach solle man sie mehrfach mit einem Sud aus Wasser und Trüffelresten begießen, damit das Erdreich umso fruchtbarer werde.

Über 450 Jahre später ist die Methode wieder angesagt. In den ertragreichen spanischen Trüffelplantagen kann man sehen, wie die Anbauer Löcher neben ihren Trüffelbäumen ausheben und sie mit einem Gemisch von Erde und Trüffelstückchen füllen. Die „Trüffelnester" liefern ergiebige Ernten, wenn die Kulturen genügend bewässert sind. Inzwischen hat die Wissenschaft durch die Entdeckung der geschlechtlichen Fortpflanzung der Trüffeln den Sinn der Aussaat bestätigt: Erst das Zusammentreffen von Trüffelmyzel männlichen und weiblichen Paarungs-Typs sorgt für die Befruchtung im Boden.

Alfonso Ceccarelli lebte im trüffelreichen Umbrien, hat aber seine Methode nicht selbst erprobt. Er berichtet auch, er habe „von mehreren vertrauenswürdigen Personen gehört, dass Trüffeln wachsen, wenn man Wasser, in dem sie einen ganzen Tag lang aufgeweicht wurden, mehrfach an geeigneten Stellen ausgießt". Seine Ratschläge geraten danach weitgehend in Vergessenheit. Erst mehr als 160 Jahre später liefert der englische Botanikprofessor Richard Bradley 1726 eine ähnliche, detaillierte Anweisung für die Kultur von Trüffeln.[130]

Bradley arbeitet an der Universität von Cambridge. Er kennt zahlreiche Stellen, an denen in seiner Heimat Trüffeln gefunden werden. Englische Sommertrüffeln waren schon 1693 erstmals beschrieben worden. Bradley empfiehlt, den Boden an geeigneten Stellen im Bereich schattiger Bäume 20 Zentimeter tief auszuheben und dann zu sieben. Auf eine erste Schicht dieser Erde legt man überreife

Trüffeln und begießt sie mit Schlamm aus der gesiebten Erde und Wasser. So dürfe man „eine gute Ernte in angemessener Zeit erwarten".

Im Jahr 1729 hat auch der deutsche Reisende Johann Georg Keyßler in Italien von Zuchterfolgen mit Trüffelwasser berichtet: „Wenn man die Trüffeln kochet, und das Wasser (sonderlich mit den abgeschnittenen Schalen) auf gute Erde schüttet, so wachsen hernach an solchem Orte Trüffeln hervor, ohne Zweifel aus dem mit Wasser und den Schalen hingeworfenen Saamen."[131] Das für die Trüffeln geeignete Erdreich müsse schwarz und locker sein, es sollten Büsche und Eichen darauf wachsen.

Bradleys Anleitung war für Frankreich neu und erscheint 30 Jahre später im Jahr 1756 als Übersetzung. In Deutschland erklärt Johann Heinrich Gottlob von Justi die Methode 1760 in seinen „Oeconomischen Schriften". Er schlägt vor, die Trüffeln in vier bis acht Teile zu zerschneiden – „und jeder Theil muss in Ansehung der Fortpflanzung eben den Nutzen haben, als wenn eine ganze eingelegt worden wäre".[132] Später wird Bradley von dem polnisch-stämmigen Grafen Jean Michel von Borch zitiert, der in Italien Kulturversuche mit „grauen" Bianchetti-Trüffeln (*Tuber Borchii*) unternimmt und 1780 seine „Lettres sur les truffes du Piémont" veröffentlicht. Darin stellt Borch fest: „Seit den Arbeiten von Bradley hat man dieses Verfahren in Bezug auf schwarze Trüffeln nicht mehr angezweifelt."

Der polnische Wissenschaftler stellt sich in seinen langen Briefen an den Marquis von Balbian selbst als erfolgreicher Züchter dar. Er beschreibt, wie er verfaulende Trüffeln unter dem Mikroskop untersucht, aus dem sich schwarz verfärbenden Inneren die Saat gewinnt und diese dann in ein Beet aus Erde und Eichenspänen legt – und schon nach 45 Tagen kleine, kirschkerngroße Trüffeln findet. Er schickt die kleinen Knollen triumphierend an den Marquis: „Ihr gegenwärtiger Zustand ist nicht für den Gebrauch geeignet, aber er ist ausreichend, um auf siegreiche Art die Tatsache zu beweisen, dass sich Trüffeln aus einer Saat entwickeln können, die von Menschenhand gesammelt wurde." In einem weiteren Brief erklärt er dem Marquis, wie man jedes Jahr eine reiche Ernte einbringen könne, wenn man ganze Trüffeln in den Boden säe und bis zum nächsten Frühjahr warte.

Erstaunlich, wie nahe die Anweisungen Ceccarellis und Bradleys der heutigen Methode der sogenannten Trüffelnester kommen. Der wesentliche Unterschied ist nur, dass die Trüffelsaat heute unter Bäumchen vergraben wird, die schon als Setzlinge mit Trüffelsporen „infiziert" wurden, um die Mykorrhiza-Symbiose zu erzeugen.

Bis zum Beginn des 19. Jahrhunderts gibt es keine Berichte über die Anwendung der „direkten Trüffelkultur", wie der französische Trüffelforscher Adolphe Chatin[133] die Methode Ceccarellis und Bradleys nennt. 1806 berichtet der französische Botaniker Nicolas Jolyclerc, er habe ganze Trüffeln in ihrer erdigen Hülle unter Bäumen zerstreut, um dann im Folgejahr die vierfache Menge zu ernten.[134] Chatin zählt mehrere erfolgreiche Anbauer wie den Apotheker Ch. Bressy auf, der zehn Kilo Trüffeln mit 100 Kilo Erdreich mischt und unter Bäumen aussät. Ein Trüffelbauer namens Kiefer aus der Region von Usèz legt Truffieren an, indem er unter ausgesuchten Bäumen flache Gräben zieht und sie mit Erdreich von anderen Truffieren füllt.

Auch in Deutschland wird das direkte Kulturverfahren erprobt. Die ersten Versuche unternimmt Markgräfin Karoline Louise von Baden, die hochgebildete „Vielwisserin und Vielfragerin von Baden", wie sie der Schweizer Philosoph Lavater genannt hat. Der badische Forstrat Valentin F. S. Fischer kann 1812 aber nur vom Misserfolg berichten. Die vergrabenen Trüffeln hätten sich stets aufgelöst. „Und nie erfolgte eine Vermehrung oder Erneuerung, die doch hätte eintreten müssen, wenn die Trüffeln Saamen oder Embrionen enthalten haben würden."[135]

Dann kommt 1825 ein reichlich prahlerisches deutsches Buch über den Trüffelanbau heraus. Alexander von Bornholz gibt dem kleinen Werk den Titel „Der Trüffelbau oder Anweisung, die schwarzen und weißen Trüffeln in Waldungen, Lustgebüschen und Gärten durch Kunst zu ziehen und große Anlagen dazu zu machen" und macht allen Besitzern von Landgütern märchenhafte Versprechen: Trüffeln könne man wie Champignons ziehen, es sei keineswegs sehr kostspielig und mühsam und in einigen Jahren winke „reiche Ernte der wohlschmeckendsten Trüffeln" und bedeutender Gewinn. Bornholz empfiehlt das Anlegen von Kompostbeeten, in die Trüffeln von anderen Standorten eingepflanzt werden. Reife, frisch ausgegrabene Trüffeln unterschieden sich „von den getrockneten, in Oel getauchten, in Wachspapier eingewickelten, in Gläsern eingemachten und marinierten, die uns Italiener und Franzosen für deutsches Geld ablassen" wie frische von getrockneten Äpfeln. „Es ist nicht zu befürchten, dass Trüffeln durch zahlreiche Anpflanzungen so tief im Werthe sinken werden, wie jetzt fast alle Erzeugnisse der Landgüter."

Seine Methode ist offensichtlich nicht erfolgreich, klingt aber doch so vielversprechend, dass das Büchlein sogleich ins Französische und auch ins Italienische übersetzt wird. In Paris zitiert der Autor Alexandre Martin ausführlich aus der Schrift und belustigt sich dann über trüffelgierige Gourmands, die hofften, dass man Trüffeln nach der Methode aus Deutschland „wie Kartoffeln" im eigenen Garten in Paris ziehen könne.[136]

DIE INDIREKTE METHODE – WER TRÜFFELN WILL, MUSS EICHELN SÄEN

Zu Beginn des 19. Jahrhunderts verlagert sich das Interesse der französischen Trüffelbauern auf die „indirekte" Methode der Trüffelkultur mit Hilfe der Aussaat von Eicheln. In Frankreich ist umstritten, wer das Verfahren als Erster angewendet hat – der Bauer Joseph Talon aus der Provence im Süden oder der Müller Paul Mauléon aus dem Kanton Loudun in Westfrankreich. Mauléon ist der Favorit der Historikerin Thèrèse Dereix de Laplane. Sie meint, der Bauer habe schon um 1790 in Grand-Poncay südwestlich von Tours Eicheln von den eigenen Truffieren eingesammelt und an anderen Stellen ausgesät, um neue Trüffelbäume wachsen zu lassen.[137] Meine Vergleiche mit zeitgenössischen Quellen zeigen aber, dass diese Kulturversuche kaum vor 1811 begonnen haben konnten und dass die ersten Trüffeln unter den neuen Bäumen wohl erst um 1820 geerntet wurden.[138]

So gebührt die Ehre wohl doch Joseph Talon aus dem Dörfchen Croagnes bei Apt im Département Vaucluse im Rhônetal. Er sät irgendwann nach dem Jahr 1802 auf einem steinigen Terrain neben seinem Haus Eicheln aus. Zehn Jahre später gräbt seine Sau in dem entstandenen Wäldchen Trüffeln aus dem Boden. Der junge Bauer versteht den Zusammenhang und beginnt die systematische Trüffelzucht. Er kauft wertlose Böden auf, legt Truffieren an und zieht Eichensetzlinge aus Eicheln von Trüffelbäumen. Talons Erfolg wird von einem Cousin und von anderen beobachtet, die ebenfalls mit Eicheln neue Truffieren anlegen. Von 1812 an entstehen im ganzen Département Vaucluse immer neue Truffieren. Und als der Trüffelhändler Rousseau aus Carpentras bei der Weltausstellung im Jahr 1855 in Paris eine Auszeichnung für eingemachte Trüffeln aus einer der neuen Truffieren erhält, breitet sich die Kultur mit Eicheln in ganz Südfrankreich aus.

Ein Graf Agénor de Gasparin gibt 1856 das Motto aus: „Wer Trüffeln ernten will, muss Eicheln säen!" Es erscheint eine Flut von Kulturanweisungen und Berichten über erfolgreiche Truffieren. Am ausführlichsten ist das umfangreiche „Manuel du trufficulteur" des ehemaligen Parlamentsabgeordneten Alexandre de Bosredon von 1887. Er verkauft später selbst Trüffel-Bäumchen und Eicheln sowie getrocknete Trüffeln zur Gewinnung von Sporen. Mit einem daraus gemixten Saft sollte man Eichenblätter einpinseln und im Boden vergraben, damit sich Trüffeln entwickeln – eine Variante der direkten Methode.

Für einen großen Schub bei der Trüffelkultur sorgt die Reblausplage. Sie vernichtet in Südfrankreich von 1865 bis 1880 rund eine Million Hektar Weinberge. Auf vielen Flächen legt man Truffieren an – der Boden war gut bearbeitet, die Trüffel gilt als einer der Pilze, die sich als erste neues Terrain erobern. Zum Lebenszyklus der Trüffeln passen die Kulturmethoden der Weinbauern. Sie lockern den Boden

BRADLEY (1726):
KULTURANWEISUNGEN FÜR TRÜFFELN AUS ENGLAND

568 *APPENDIX*

Of the Truffle, *and its Culture.*

SINCE I have found that my Obſervations concerning the Raiſing of Muſhrooms have been ſo well receiv'd, that there is now hardly a Garden of any Note near *London* without them, or where there has not been Attempts made to produce them in every Month of the Year, I am perſwaded, that the following Account of the Vegetation of Truffles, and of the Method of their Culture, will prove altogether as acceptable. I am told, indeed, 'tis much too great a Secret to divulge, and that to keep it in my own Hands, might be of the greateſt Conſequence to me in my Fortunes, conſidering, that every Pound of Truffles, freſh gather'd, is ſold for a Guinea; but however that might be, I am pretty well perſwaded, that I ſhall merit more Eſteem by making it familiar to the Publick, and ſhall reſt myſelf contented with the Pleaſure of doing ſomething which may contribute to the Pleaſure of my Countrymen; and, beſides, by making the Truffle more common, it will become cheaper, and our Taſtes may be ſatisfy'd at leſs Expence. But to proceed: Let us firſt conſider, whether the Truffle be a real Plant or not. Monſieur *Geoffroy* of the Royal Academy of *Paris*, in one of his Lectures, ſays, That all Bodies which ſeem to vegetate, may be generally put into two Claſſes: The firſt, to conſiſt of thoſe which poſſeſs every Character belonging to a Plant; and the other, to be made up of thoſe which ſeem leſs perfect, and are ſuppos'd to want ſome Part or other which one ought to expect in a Plant. Among the latter, ſome are ſeemingly

to the New Improvements, *&c.* 569

ſeemingly without Flowers, as the Fig Tree; which, however, ſome believe carries its Flowers within the Fruit. Others are ſeemingly without either Flowers or Seeds; as the moſt Part of the Marine Plants; for tho' there are diſcover'd ſomething like Seeds lying in particular Cells of many of the Sea Plants, yet it is a Doubt whether they are really Seeds or not. Again, there are others which are compoſed of Leaves without Stalks, or other apparent Parts belonging to a Plant, as the *Lactuca Marina*, or Sea Lettuce, which is often found growing upon Oyſter Shells. Others have Stems or Stalks without Leaves, as the Euphorbium, Corals, and the Lythophyton, and moſt of the Stoney Plants. Others again, one may ſay, carry no Face of a Plant, becauſe one cannot diſtinguiſh in them either Leaves, Flowers, or Seed. Of this Gender are the moſt Parts of the Muſhrooms, Sponges, and Morilles; but above all the *Truffles*, which even ſeem to be without Roots. The Botaniſts, however, range them among Plants, becauſe they have a Mode of Growth, and Power of increaſing, not doubting but they likewiſe contain the eſſential Parts of Plants, tho' they have not the apparent Parts. As it is in Inſects, which have the eſſential Parts of an Animal, tho' the apparent Structure is different: But the Truffle is of that ſingular Structure, that it well deſerves our moſt careful Examination.

This Sort of Plant is a Kind of fleſhy Tubercle, cover'd with an hard ſhagreen'd Coat, knotted or bunch'd on its Superfices ſomewhat regularly, reſembling very much the Cone or Nut of the Cypreſs Tree, which is commonly call'd in *England* the Cypreſs Apple. It is remarkable,

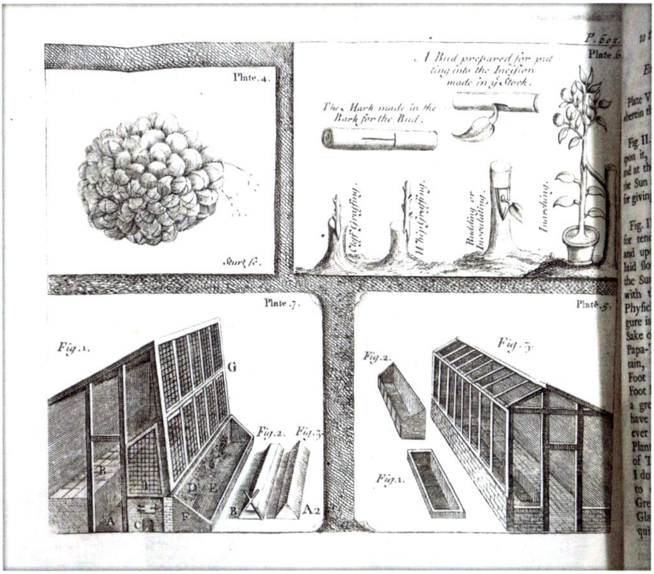

mit Hacken und treiben kleine Viehherden über die Kulturen, die den Bewuchs klein halten und organischen Dünger zurücklassen. Die Bäume werden dann zurückgeschnitten und gelichtet, um Viehfutter und auch Feuerholz zu erhalten.

Direkte und indirekte Kulturmethoden existieren bis ins 20. Jahrhundert hinein. Professor Chatin empfiehlt 1892, beide zu kombinieren: Man solle stets einige Sack Erde aus einer Truffiere mitnehmen, wenn man Eicheln sät oder Bäume verpflanzt. Erfolg winkt demnach, wenn man geeignete Böden wählt, in denen es schon Trüffelmyzel gibt oder wenn man Bäumchen umsetzt, die schon von Trüffeln „infiziert" sind.

WELTKRIEG, KRISEN UND FALSCHE VERSPRECHUNGEN

Zwischen 1810 und 1900 werden nach neuesten Untersuchungen in Frankreich im Durchschnitt mehr als 1000 Tonnen Trüffeln pro Jahr geerntet. Gegen Ende des Jahrhunderts erreicht die Produktion den absoluten Höhepunkt. Chatin nennt einen – wohl etwas zu hoch angesetzten – Spitzenwert von bis zu 2000 Tonnen. In Italien wurden zur gleichen Zeit rund 107 Tonnen überwiegend wild wachsende Trüffeln gefunden, darunter vier Tonnen weiße Piemont-Trüffeln.[139]

Nach der Reblausplage waren die jungen Kulturen sehr produktiv, man kannte keinen Klimawandel, die starke Nachfrage ermöglichte steigende Preise, und die Eisenbahn bot immer bessere Transportmöglichkeiten. Doch danach verschlechtert sich die Ernte in mehreren Etappen: zwischen 1900 und 1918 auf unter 1000 Tonnen, zwischen den beiden Weltkriegen auf weniger als 500 Tonnen. Nach 1945 werden weniger als 100 Tonnen geerntet und nach 1980 weniger als 50 Tonnen. Seit 1990 sinkt der Schnitt auf rund 30 Tonnen, in Trockenjahren wie 2003 auf nur 9 Tonnen.

Der Niedergang nach dem Ersten Weltkrieg resultiert nach Untersuchungen des französischen Agrarwissenschaftlers Pascal Byé aus den starken Veränderungen bei der Bewirtschaftung der Wälder und dem Aufkommen der modernen Agrarwirtschaft.[140] Bis ins 20. Jahrhundert hinein wissen die Menschen, wie und wo man Trüffeln findet und wie man den Wald pflegen muss. Aber viele Bauern kehren nicht aus dem Krieg zurück, sie können ihre Kenntnisse nicht weitergeben, und die während der Reblausplage gepflanzten älter gewordenen Bäume werden nicht ersetzt. Für die Versorgung der Menschen gibt es andere Prioritäten als den Trüffelanbau.

Gleichzeitig brechen Nachfrage und Preise ein. Man versucht später, Truffieren wie Obstplantagen anzulegen, und verzichtet auf die notwendige Pflege der Böden und Bäume. Auch die wissenschaftliche Erforschung der Trüffeln stagniert. Bis

1920 hätten Trüffelanbauer und Forscher ihre Kenntnisse noch ausgetauscht, schreibt Byé. Danach habe sich ein Graben zwischen ihnen aufgebaut. „Als Ergebnis verschwand zunehmend das Wissen, das man durch die Beobachtung der natürlichen Truffieren angesammelt hatte." Der Niedergang setzt sich zwischen den Kriegen mit der Weltwirtschaftskrise fort. Man kümmert sich nicht mehr um die Truffieren, auch in der irrigen Annahme, dass man die Wälder am besten sich selbst überlassen sollte. Die alten Methoden, das Säen von Eicheln, der Transport von Trüffelerde an neue Pflanzstellen oder die direkte Aussaat von Trüffelstückchen werden weitgehend aufgegeben.

Stattdessen verspricht die Wissenschaft seit den 1970er Jahren einen neuen Aufschwung durch die Technik der Mykorrhizierung von Trüffelbäumen. Als „Vater der Trüffelbäume" gilt der Franzose Gérard Chevalier, der am französischen Agrarforschungsinstitut Inra sein Verfahren zur Produktion von „geimpften" Trüffel-Bäumchen entwickelte. Der erste, der mit mykorrhizierten Bäumchen arbeitete, war aber der Italiener Lorenzo Mannozzi Torini. Er beginnt schon 1956, Eicheln und dann Setzlinge aufzuziehen, die er mit einer Lösung aus Wasser und Trüffelsporen begossen hat[141]. Später ist er der erste, der das Substrat für die Bäumchen noch mit heißem Dampf desinfiziert.

In Frankreich beginnt man zu Beginn der 1980er Jahre, in Baumschulen viele Millionen Trüffelbäume für die Kultur von *Tuber melanosporum* und der anderen schwarzen Trüffelarten heranzuziehen. Die Bäumchen werden heute nicht nur in den traditionellen Trüffel-Ländern Frankreich, Italien und Spanien angepflanzt, sondern auch in weiter nördlich liegenden europäischen Ländern, in Deutschland, Österreich oder England sowie in Australien und Neuseeland. Doch die neuen Kulturtechniken seien zunächst zu schnell verbreitet und vor allem ohne hinreichende Analyse der Böden angewandt worden, stellt Byé fest: „Die Erträge waren ebenso mittelmäßig wie unregelmäßig."

Mit blinder Entschlossenheit habe die Wissenschaft ihre Methoden durchzusetzen versucht, während die wenigen erfolgreichen Praktiker am liebsten allein arbeiteten. So klagt im Jahr 2004 die französische Agrarwissenschaftlerin Carole Chazoule: „Im Laufe der Jahre hat sich eine wahre Geheimwirtschaft entwickelt, verbunden mit der Dynamik einiger regionaler Märkte, dem regelmäßigen Preisauftrieb und der Reputation der Trüffel."[142] Auch die Veränderung der Struktur der Landbevölkerung war nicht günstig. Rentner, neue Landbewohner und Freiberufler auf der Suche nach Tätigkeiten in freier Luft pflanzen zwar bereitwillig Trüffelbäume, haben aber wenig dringlichen wirtschaftlichen Bedarf, da sie über andere Einkünfte verfügen.

Und nun kommt auch noch der Klimawandel dazu. Jahrzehnte lang wurde diskutiert, ob man Trüffelkulturen auf den richtigen Böden eingerichtet hat, ob die passenden Baumarten in der nötigen Dichte gepflanzt sind, ob die Mykorrhizierung der Baumsetzlinge erfolgreich war, ob man das Erdreich richtig bearbeitet und die Bäume gut pflegt. All diese Fragen treten in den Hintergrund, seit klar ist, dass die Trüffelkulturen angesichts steigender Temperaturen und abnehmender Niederschläge vor allem eine abgestimmte Wasserversorgung benötigen.

Die gute Bewässerung ist heute die Voraussetzung dafür, dass der Rückgriff auf die schon 1564 beschriebenen Methoden der „direkten Trüffelkultur" zum Erfolg führt.

ANBAUVERSUCHE IN DEUTSCHLAND

Aufstieg und Niedergang der schwarzen Trüffeln betreffen natürlich nicht nur die edle Périgord-Trüffel, sondern auch die weiter im Norden und auch in Deutschland wachsenden Sommertrüffeln und ihre Variante, die Burgundertrüffel. In Ostfrankreich wurden 1889 noch 78 Tonnen „Truffes de Bourgogne" geerntet, schreibt Chatin. Auf der anderen Seite des Rheins lag der Spitzenwert in Deutschland bei einer Tonne. Die Burgundertrüffel geriet in der ersten Hälfte des 20. Jahrhunderts in beiden Ländern teilweise in Vergessenheit.[143]

Dabei hat schon Chatin während des Trüffelbooms von 1892 warnend auf die im Vergleich zu den Périgord-Trüffeln geringeren Zuwachsraten bei der Burgundertrüffel hingewiesen. Er ruft zum Anpflanzen von Eichen an der Mosel oder in den Ardennen auf. Die Produzenten sollten nicht vergessen, dass ihre Trüffeln zwar von geringerer Qualität als die Périgord-Trüffeln seien, aber dennoch sehr gut, und dass sie die Märkte in Paris, Dijon oder Straßburg von Mitte September bis Mitte Dezember allein versorgten.

Erst in den 1970er Jahren wird die Burgundertrüffel wiederentdeckt und die Anlage neuer Kulturen gefördert, vor allem von Gérard Chevalier, dem am Rand der Vogesen geborenen Mykorrhiza-Experten. Bereits Mitte der 1970er Jahre legt man die ersten Truffieren zur Produktion von Burgundertrüffeln in Ostfrankreich an. Bis 1997 gibt es im Burgund und in Lothringen schon 180 Hektar mit neuen Truffieren. Der größte Teil der Burgundertrüffelernte stammt aber nach wie vor von natürlichen Standorten.

In Deutschland lebt erst nach den vorlauten Versprechen eines Alexander von Bornholz das Interesse an der Kultur der heimischen Sommertrüffeln wieder auf. In der Königlichen Obstbaumplantage von Hannover-Herrenhausen werden in den 1850er Jahren Anbauversuche mithilfe vergrabener Trüffelschalen gemacht. Sie erbringen erbsen- bis haselnussgroße, aber unreife Knollen.[144]

Der Botaniker Albert Bernhard Frank aus Berlin versucht ab 1884 im Auftrag des preußischen Ministers für Landwirtschaft und Forsten in der Oberförsterei

Alfeld bei Hannover Trüffeln zu kultivieren. Er lässt Schweine nach französischem Vorbild mit Trüffeln füttern und deren Kot vergraben, Tausende Buchensetzlinge pflanzen, Bucheckern von Trüffelbäumen aussäen und Trüffeln mit der sie umgebenden Erde ausgraben und umpflanzen. Er scheitert zwar, aber er entdeckt bei seinen Arbeiten die Mykorrhiza-Symbiose.[145]

Wenig später wird der deutsche Trüffelforscher Rudolph Hesse vom Königlich-Preußischen Staatsminister Freiherr Lucius von Ballhausen beauftragt, die Kultur der Trüffeln zu erforschen. Hesse meint, die „indirekte" Methode mit Eicheln und Bäumchen sei kaum als Kultur zu bezeichnen und versucht es „direkt" mit reifen Trüffeln.[146] Er vergräbt in den Buchen- und Eichenwäldern bei Kassel frische oder getrocknete Scheibchen von reifen Trüffeln. 1894 meldet er, ihm sei die Kultur der Sommertrüffel gelungen. Genauere Belege liegen nicht vor. Hesse habe nach eineinhalb Jahren zunächst nur erbsengroße Exemplare geerntet, berichtet der pfälzische Oberforstmeister Georg Vill, der Hesse kannte. Vill versucht jahrelang vergeblich, die Methode anzuwenden. In seinem 1926 veröffentlichten Überblick über die Zuchtversuche in Deutschland kann er nur eine einzige erfolgreiche Trüffelanzucht aus der Oberförsterei Alfeld melden. Es war ein Zufallserfolg: Man pflanzte fünf Jahre alte Buchen aus einem Trüffelwald auf einen aufgeforsteten Acker, und zehn Jahre später fanden sich dort Trüffeln.

Als Erster beginnt in Deutschland der Ahrtrüffel-Verein in Sinzig im Jahr 2006 nach Jean-Marie Dumaines Trüffel-Funden erneut mit der Trüffelkultur. Nach langen Jahren liefert die kleine Plantage vor allem einige Wintertrüffeln der Art *Tuber brumale*. Der Optimismus in der deutschen Trüffelszene bleibt groß. Manche Anbauer pflanzen in der Erwartung immer wärmeren Klimas auch schon Bäumchen zur Zucht der Périgord-Trüffel *Tuber melanosporum*. Immerhin hatte der deutsche Kunstmaler und Naturfreund Ingo Fritsch die schon einmal in seinem inzwischen aufgegebenen Trüffelgarten in Norddeutschland geerntet.[147]

Auch Trüffel-Bäumchen werden in Deutschland gezogen, wenn auch weit weniger als in Frankreich oder Spanien.

IN DER TRÜFFELBAUMSCHULE

Die Firma AgriTruffe in Saint Maixant südöstlich von Bordeaux ist eine der größten Trüffelbaumschulen der Welt. Auf dem Gelände neben den Weinreben eines „Chateau Mémoires" stehen helle, tunnelförmige Gewächshäuser. Platz für 160 000 junge, mit Trüffelsporen infizierte Bäumchen in kleinen Plastikgefäßen, überwiegend Eichensetzlinge, dazu Hasel, einige Kiefern, Linden und Hainbuchen, denen Ventilatoren Frischluft zufächeln.

AgriTruffe entstand zu Beginn der 1970er Jahre als erste Trüffelbaumschule,

DAUMIER (1845):
„ICH HATTE DOCH KARTOFFELN GEPFLANZT – UND NUN ERNTE ICH TRÜFFELN"!

als Gérard Chevalier am Inra-Institut seine Methoden der Mykorrhizierung der Trüffelbäume entwickelte. Firmenchef ist seit 2008 der heute 45-jährige Damien Berlureau. Er kommt aus dem Weinbau, hat Oenologie studiert. Nun zieht er Flaumeichen, Grüneichen und Haselbäume zu Trüffelbäumen heran. Ich hatte ihn zum ersten Mal zusammen mit Chevalier besucht, dem „Vater der Trüffelbäume". Chevalier ist heute über 80 Jahre alt und im Ruhestand, in Sachen Trüffeln aber so aktiv wie seit jeher. Das Inra-Institut bekommt noch immer Lizenzgebühren für seine Anbaumethode, auch Chevalier verdient ein wenig an jedem verkauften Baum.

In der Trüffelbaumschule beginnt alles mit der Saat. In den Herbst- und Wintermonaten bekommt das Unternehmen Eicheln aus Trüffelgebieten mit kalkhaltigen Böden geliefert. Schwieriger als die Beschaffung von Trüffeln ist es manchmal, genug Eicheln zu bekommen, sagt Berlureau. „In manchen Jahren gibt es einfach keine." Die Eicheln werden desinfiziert, bevor sie in Säcken und Kisten mit feuchtem Sand zu keimen beginnen. Dies geschieht in einem großen alten Schiffscontainer mit Kühlung, der schon so manchen Seetransport hinter sich hat. „Maroc" steht auf einigen Kästen mit Eicheln für Truffieren in Marokko. Auch dort ist es gelungen, Périgord-Trüffeln in Gebieten zu ziehen, wo es sie zuvor noch nie gab.

Vier Eicheln braucht man, um einen guten Setzling selektieren zu können, den man dann mit Trüffelsporen „beimpft". Mehrere hundert Kilogramm Trüffeln kauft die Firma jedes Jahr, die Fruchtkörper müssen perfekt sein, mit ganz reifen Sporen. Sie werden tiefgefroren, die Sporen überstehen das ohne Schaden. Alle Trüffeln werden vor der Verwendung genau geprüft, auch mit einer molekularen Analysemethode, bei der ein bestimmtes DNA-Fragment des Pilzes kontrolliert wird, erklärt Berlureau. Man untersucht mehrere Trüffeln gleichzeitig – falls sich DNA-Spuren anderer Arten zeigen, wird die ganz Charge weggeworfen.

Für das „Mykorrhizieren" eines jeden Bäumchens ist ein Gramm frische Trüffeln erforderlich – das klingt wenig, es entspricht aber vier bis sechs Millionen der winzigen Sporen pro Baum. Die mit dem Mixer in Wasser verteilten Trüffelsporen kommen mit einem Substrat aus Torf, Vermiculite und kalziumhaltigem Kalkstein in einen kleinen Pflanzcontainer. Vermiculite, das sind die Wasser aufsaugenden weißen Körnchen, die wir vom Katzenklo kennen. Jede Baumschule hat ihr Geheimrezept für das Substrat, in dem die Bäume dann ein bis zwei Jahre im Treibhaus wachsen. Heute benutzt man statt Waldboden aus Trüffelgebieten lieber künstliches Substrat, damit keine anderen Pilzsporen mit denen der Speisetrüffeln konkurrieren.

Die „inokulierten" oder „beimpften" Bäume werden erst verkauft, wenn sich die Symbiose von Baumwurzeln und Pilzsporen entwickelt hat. Unter dem Mikroskop ist die Mykorrhiza in Form dunkler Schwellungen an den feinen Wurzeln zu erkennen. Ob die Bäume anwachsen und sich tatsächlich Trüffeln bilden, kann AgriTruffe nicht garantieren. „Wir zertifizieren mykorrhizierte Bäume, das ist unser Beruf", sagt Berlureau.

Der Käufer muss darauf achten, ob die Bäume im richtigen Boden und geeigneten Klima angepflanzt werden. „Aber unser Erfolg hängt auch davon ab, dass Trüffeln wachsen", sagt Berlureau. „Und deshalb sind wir auch Berater, und ich kümmere mich um die Kulturen. Das ist wie beim Weinbau." Jeder Kunde wird zuerst nach einer Bodenanalyse gefragt. „Denn auch mit den besten Pflanzen der Welt hat man keinen Erfolg, wenn sie zum Boden nicht passen." Vor dem Verkauf müssen die Bäumchen mindestens zwölf Zentimeter groß sein. 12,80 Euro kostet eine kleine Eiche im Handel mit anderen Unternehmen, 15 bis 17 Euro für Privatkunden. Für AgriTruffe bedeutet das einen Jahresumsatz von rund 1,5 Millionen Euro. Viele der Kunden kaufen nur kleine Mengen.

In Frankreich werden nach Berechnungen des Inra-Instituts und der Vereinigung der Trüffelanbauer 300 000 Trüffelbäume pro Jahr gepflanzt, auf 1000 bis 1200 Hektar Fläche. Dennoch fragt das Nationale Forschungsinstitut Inra auf seiner Website, ob der kostbare Pilz wegen der immer trockeneren Sommer von „unseren Weihnachtsmenüs zu verschwinden droht". Die Forscher müssen zugeben, dass die seit 40 Jahren unternommenen Trüffelbaum-Pflanzungen in Frankreich nicht zu einer Steigerung der Erträge geführt haben.

Zusammen mit der Firma Robin Pepinières ist AgriTruffe der größte Trüffelbaumproduzent in Frankreich und der Welt. In vielen Ländern gibt es mittlerweile Trüffel-Baumschulen. Beim 1. Internationalen Kongress für Trüffelanbau in Teruel wurden 2013 mehr als 100 Unternehmen aufgelistet. Je 27 Betriebe gab es in Spanien und Frankreich, acht in Italien, gefolgt von einem Dutzend anderen Ländern in Mittel- und Osteuropa, auch in England und auf anderen Kontinenten: Nord- und Südamerika, Australien und Südafrika.[148] Die Kosten pro Setzling variierten stark – von vier bis acht Euro pro Baum in Spanien bis zum vielfachen Preis in Übersee.

Und wie misst sich der Erfolg für die Trüffelanbauer? „Wenn man mindestens zehn Kilogramm Mélano-Trüffeln pro Hektar und Jahr erntet, dann hat man Erfolg", sagt Berlureau. Er verweist auf die Hektarerträge von im Schnitt nur zwei Kilo in Frankreich. Es gebe auch Leute, die behaupten, sie erzielten 80 bis 100 Kilo „Mélano", doch das hält er für deutlich übertrieben. Andererseits kennt er eine Truffiere in Westfrankreich, wo 140 Kilogramm Burgundertrüffeln pro Hektar geerntet würden.

Der überwiegende Teil der Bäume von AgriTruffe wird mit Périgord-Trüffeln beimpft, 15 Prozent mit Sommer- und Burgundertrüffeln und ein Prozent mit der von nur wenigen Züchtern gewünschten Teertrüffel *Tuber mesentericum*. Die Wintertrüffel *Tuber brumale* wird gar nicht mykorrhiziert – sie kommt zwar auch in den Handel, gilt aber als lästige Konkurrenz der Mélano. Das Geschäft hat sich immer weiter in den Norden verlagert, sagt Berlureau, nach Nordeuropa und Deutschland, auch nach England und Irland.

Der AgriTruffe-Chef freut sich, dass die Trüffeln so geheimnisvoll bleiben. Die Vorstellung, man könne Trüffeln quasi im Labor zum Wachsen bringen und sie irgendwann wie Champignons auf Beeten züchten, gefällt ihm gar nicht: „Dann wäre doch der ganze Mythos dahin", sagt er. „Die Leute wollen etwas erreichen, was sehr schwierig ist. Da steckt Alchimie drin, Jagdleidenschaft, die Aufregung: Finde ich etwas oder nicht?"

Außerdem könnte er dann natürlich auch weniger Bäume verkaufen.

PRADEL (1914): HANDBUCH DER TRÜFFELKULTUR

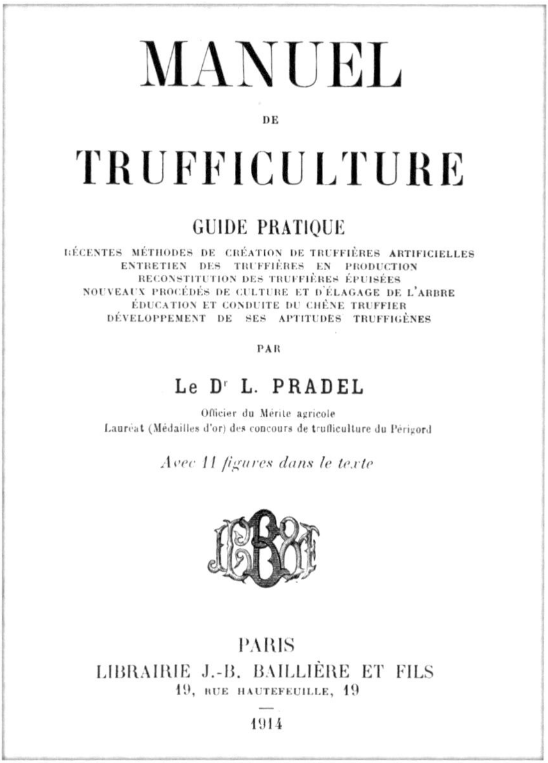

MANUEL

DE

TRUFFICULTURE

GUIDE PRATIQUE

RÉCENTES MÉTHODES DE CRÉATION DE TRUFFIÈRES ARTIFICIELLES
ENTRETIEN DES TRUFFIÈRES EN PRODUCTION
RECONSTITUTION DES TRUFFIÈRES ÉPUISÉES
NOUVEAUX PROCÉDÉS DE CULTURE ET D'ÉLAGAGE DE L'ARBRE
ÉDUCATION ET CONDUITE DU CHÊNE TRUFFIER
DÉVELOPPEMENT DE SES APTITUDES TRUFFIGÈNES

PAR

Le Dr L. PRADEL

Officier du Mérite agricole
Lauréat (Médailles d'or) des concours de trufficulture du Périgord

Avec 11 figures dans le texte

PARIS
LIBRAIRIE J.-B. BAILLIÈRE ET FILS
19, RUE HAUTEFEUILLE, 19

1914

GRIMOD DE LA REYNIÈRE (1810): ÜBELKEIT, DER TÖDLICHE FEIND

LUG UND TRUG: TRÜFFEL-TÄUSCHEREIEN

Täuschung und Schwindel sind die Kehrseite von Trüffelgenuss und Luxus. Man kann das Thema Lug und Trug als einen Teil der sympathischen Mythen und Legenden um die Trüffel auffassen, kann über kleine Mogeleien der Trüffelsucher lächeln und über die Geschäftemacherei der Händler hinwegsehen. Aber im Kern geht es um Betrug und gezielte Verbrauchertäuschung, manchmal um tödliche Verbrechen.

Bereits der erste Beleg für Trüffeln auf einer 4000 Jahre alten Tontafel aus Mesopotamien handelt von möglichem Schmu. Der Gouverneur von Saggaratum muss sich gegen den Vorwurf des Königs in Mari wehren, er habe schlechte Trüffeln an den Herrscher gesandt. Der Verwalter beteuert, dass er die besten Knollen nicht etwa für sich selbst behält: „Ich habe meinem Gebieter geschickt, was man für mich gesammelt hat."

Über Trüffeldiebstahl wird vom 18. Jahrhundert bis heute immer wieder berichtet: „In Italien und Frankreich machen viele Bauern und andere geringe Leute ein Gewerb daraus, Trüffeln zu suchen, und sie erlauben sich solches auf jedem Lande, es gehöre, wem es wolle", heißt es in der 1796 erschienenen „Waarenkunde" von Beckmann. 1784 beschließt das Parlament von Aix-en-Provence Geld- und Haftstrafen für alle, die ohne Erlaubnis in fremden Wäldern nach Trüffeln graben. Die Benutzung von Hacken ist generell verboten, weil damit nicht nur die Trüffeln, sondern auch die Wurzeln der Eichen und anderer Bäume geschädigt werden.

Graf von Borch hatte dem Marquis von Balbian in seinen Briefen über die Trüffelzucht im Piemont besondere Gegenmaßnahmen empfohlen, um sich gegen Bauern, Vagabunden und bezahlte Räuber zur Wehr zu setzen, die bei der Trüffelsuche wertvolle Felder umgraben und zerstören. Man solle den Boden umpflügen und mit Mist aus den Ställen düngen, um die Trüffeln an diesen Stellen einfach auszurotten. Beckmann ergänzt, man dürfe auch die Schweinehirten nicht mit ihrer Herde in Trüffelwälder eindringen lassen: „Wie viele Trüffeln mögen in Teutschland von den Schweinen jährlich gefressen werden! Vermuthlich weit mehre, als für die Tafeln unserer Reichen aus entfernten Ländern für hohe Preise gekauft werden."

Als der „Trüffelprofessor" Adolphe Chatin 1892 die „einfallsreichsten" Mogeleien von Trüffelsuchern aufzählt, schwingt etwas heimliche Bewunderung für die Raffinesse der „Caveurs" oder „Rabassiers" mit, wie die Trüffelsucher in der Provence heißen. Da ist der Caveur, der seinen Trüffeln mit kleinen Steinen mehr Gewicht verleiht oder sie anfeuchtet und durch Erde rollt, um das Gewicht zu verdoppeln. Oft würden auch Löcher gestopft, um schöne runde Exemplare vorzutäuschen, schreibt Chatin. „Und manchmal setzt der Rabassier mithilfe von Haarnadeln oder Dornen aus Erdreich und hässlichen kleinen Trüffeln schöne große runde zusammen." Oder man packt einfach Steine oder gar Metall mit in den Sack. Bis heute! Trüffelhändler Pébeyre aus Cahors hatte in seiner Fabrik lange Zeit eine Kiste mit Fundstücken aus Trüffellieferungen stehen: Steine, Nägel, kleine Metallteile aus Blei, Schrauben und Muttern und sogar ein Hufeisen.

Außerdem werden seit jeher unreife Périgord-Trüffeln oder überalterte Exemplare mit frischen vermischt. Dazu kommt der Betrug mit anderen Arten mit schwarzer Schale: Wintertrüffeln, Sommer- und Burgundertrüffeln, Teertrüffeln und seit 40 Jahren auch die zehn Mal preiswerteren, geschmacksarmen China-Trüffeln. Nur Fachleute erkennen unreife Périgord-Trüffeln sowie die Sommer- und Burgundertrüffeln am schwächeren Aroma, die Moschustrüffel an ihrem eigenartigen Geruch und die innen weißliche Wintertrüffel an der leicht abplatzenden Schale. Unerfahrenen Privatleuten riet Chatin vor 130 Jahren, was auch noch heute beim Kauf frischer Trüffeln gilt: „Um nicht getäuscht zu werden, kann man nichts Besseres tun, als sich an große Händler zu wenden."

KARTOFFELN UND BOVISTE

Bei Trüffelkonserven ist noch viel schwerer erkennen, ob sich unter Périgord-Trüffeln andere Arten befinden. Chatin klagt vor 130 Jahren, manche Konservenhersteller betrögen mit „unglaublichem Zynismus". Da färbt man weiße Sommertrüffeln für den Export mit Eisentannat und parfümierte sie mit Steinkohlenteer. Manchmal sind auch mit Teer behandelte Karotten anstelle der Trüffeln benutzt worden. „Die Polizei hat diesem ‚ehrenhaften' Geschäft ein Ende gesetzt", schreibt Chatin. Mancher habe auch violette Kartoffelsorten benutzt, die in der Gegend um Grenoble schwarze Kartoffeln genannt würden und im lokalen Dialekt „Triffe nière" wie die Trüffel.

Auch außerhalb Frankreichs wird gefälscht, etwa mit den berüchtigten Karlsbader Trüffeln, über die 1884 dem Märkischen Forstverein berichtet wird Sie bestehen aus zerschnittenen Steinpilzen, Morcheln, Pfifferlingen und kleinen Stücken der deutschen Mäandertrüffel, die dem Gemenge den Trüffelgeruch verleihen sollen.[149] In den böhmischen Kurorten Karlsbad und Marienbad wird die

Mäandertrüffel *Choiromyces meandriformis* viel verkauft. Doch der Pilzforscher Theodor Bail stellt fest, dass die Händler den Kurgästen auch Kartoffelboviste der Gattung *Scleroderma* und Erbsenstreulinge (*Pisolithus*) als gute Trüffeln anpreisen. In Westpreußen habe sich eine Gesellschaft auf einem Gutsbesitz an einem *Scleroderma*-Trüffel-Gericht vergiftet „wenn auch ohne tödtlichen Ausgang"[150].

Der Trüffelexperte Robert Caspary bezweifelt schon damals, ob die gelbbraunen Kartoffelboviste mit dem bläulich-schwarzen Inneren überhaupt giftig sind – das ist auch heute nicht erwiesen. Caspary untersucht Berichte über Trüffelvorkommen an der Weichsel bei Bromberg in Pommern und stellt fest, dass dort ausschließlich Kartoffelboviste gegessen werden.[151] Die Pilze würden in ganz Ost- und Westpreußen und Pommern als Trüffeln bezeichnet: „In Preussen speisen also viele Menschen, gewiss hunderte, alljährlich *Sclerderma vulgare*, o h n e Nachtheil." Man benutze die häufig vorkommenden Knollen auch für „Trüffelleberwurst". Eine Gutsbesitzerin schreibt: „Ihr Aussehen ist ganz das der ächten Trüffel, sie haben aber, wenn sie gekocht sind, nicht den würzigen Geruch und Geschmack wie diese und sind mithin nicht als Delicatesse zu betrachten."

Die herrschaftliche Gesellschaft von Wien bezog schon zu Beginn des 18. Jahrhunderts Trüffeln aus den Karpaten, wusste aber nicht unbedingt, dass es sich dabei um die Mäandertrüffel handelte. Diese war in der Slowakei und Ungarn unter dem Namen Hirschschwamm bekannt. Schon 1568 gehören „getrucknete hirschling" zu den Spezereien, die zur Bewirtung eines Obersten Feldhauptmannes in der Slowakischen Stadt Leutschau geliefert wurden.[152] Im Jahr 1725 berichtet der deutsche Gelehrte Friedrich Brückmann, aus Ungarn würden pro Jahr wohl mehr als 100 Zentner dieser Pilze frisch oder getrocknet nach Wien und andere Orte geliefert. Die frischen würden „an große Herrn und Magnaten" verschenkt. Man trocknet die Pilze in Asche und brät sie dann in Butter. „Viele machen eine besondere Delicatesse darauss", schreibt Brückmann, „haben einen lieblichen aromatischen Geruch und Geschmack, sind aber nachdem der Safft und Butter ausgesogen, unter den Zähnen nicht anders, als ob man Leder käuete, sind schwer oder gar nicht zu verdauen."[153]

Heute müssen die Fälscher weniger erfindungsreich sein. Dafür verantwortlich sind die industriell hergestellten Aromastoffe und die Wiederentdeckung der China-Trüffeln.

CHINA-TRÜFFELN

Seit der Beschreibung von *Tuber indicum* im Jahr 1880 durch die Mykologen Cooke und Massee waren die China- oder Himalaya-Trüffeln wieder in Vergessenheit geraten. Erst 1994 entdecken professionelle japanische und französische Pilzsucher die den Périgord-Trüffeln äußerlich so ähnlichen Knollen in China wieder. Man bringt die Trüffeln mit dem schwachen Aroma nach Europa, und dort werden sie sofort für Betrügereien genutzt. China-Trüffeln sind billig, sie kosten im Vergleich zur Périgord-Trüffel nur etwa ein Zehntel oder noch weniger. *Tuber indicum* ist im reifen Zustand nur mit dem Mikroskop oder durch Genanalyse von der schwarzen Edeltrüffel zu unterscheiden. Der Betrug wird dadurch erleichtert, dass die Trüffeln etwas vom Duft der Périgord-Trüffel annehmen, wenn man beide mischt.

Das nutzten Händler in Frankreich und Italien, und es dauerte eine gewisse Zeit, bis ihre Machenschaften auffielen. 1998 werden dann umfangreiche illegale Lieferungen von China-Trüffeln nach Italien aufgedeckt – der amerikanische Investigativ-Journalist Ryan Jacobs nennt die Affäre in seinem Buch „The Truffle-Unterground" den „umfangreichsten Trüffelbetrug der Geschichte". In Verdacht gerät Urbani Tartufi in Umbrien, ein Mitte des 19. Jahrhunderts entstandenes hoch angesehenes Familienunternehmen. Der Gründer Costantino Urbani hatte schon ab 1852 schwarze Trüffeln nach Frankreich exportiert. Seine Nachfolger stellten nach französischem Vorbild Trüffelkonserven her und eroberten damit viele Auslandsmärkte. Heute ist Urbani einer der Weltmarktführer im Handel mit schwarzen und weißen Edeltrüffeln sowie vielen Aroma-Produkten.

Im Februar 1998 beschlagnahmt die italienische Lebensmittelpolizei zusammen mit Beamten der Guardia di Finanza in einer Lagerhalle der Urbani-Familie in Scheggino in Umbrien 47 Tonnen China-Trüffeln.[154] Der Einkaufswert der Trüffeln, die in Italien nicht gehandelt werden dürfen, beträgt rund 20 Dollar pro Kilo, Urbani liefert zu der Zeit frische schwarze Edeltrüffeln für den 20fachen Preis nach USA. Der damalige Firmenchef und „Trüffel-König" Paolo Urbani beteuert, nichts gewusst zu haben und die Trüffel guten Glaubens von einem Händler in Frankreich gekauft zu haben. Der Journalist Jacobs lässt sich dagegen von einem früheren Geschäftspartner Urbanis in den USA berichten, wie Lieferungen von schwarzen Edeltrüffeln aus Umbrien in die USA seit 1994 angeblich systematisch mit den billigen China-Trüffeln gestreckt wurden. Man habe 300 Gramm China-Trüffeln mit 700 Gramm Edeltrüffeln gemischt. Später kamen noch mehr Billigtrüffeln dazu und man habe die Lieferungen dann zusätzlich mit synthetischem Aroma besprüht, um den Geruch zu verstärken. Welche Konsequenzen die Affäre hatte, bei der es um möglichen Betrug im Umfang von umgerechnet fast zehn Millionen Euro ging, wurde nie berichtet. Paolo Urbani und sein Bruder Bruno gerieten im Jahr 2001 noch einmal wegen des Verdachts der Steuerhinterziehung und gefälschter Rechnungen in Millionenhöhe in die Schlagzeilen.[155]

In China sind vor der Jahrtausendwende pro Jahr rund 1000 Tonnen Trüffel geerntet worden, 200 bis 300 Tonnen wurden exportiert. Nach dem Jahr 2005 gehen die gefundenen Mengen stark zurück, die Exporte sinken auf 30 bis 50 Tonnen.[156] Der Grund ist, dass die chinesischen Trüffelsucher die dicht unter der Erdoberfläche wachsenden Knollen mit Harken ernten und dadurch das Trüffelgeflecht im Boden zerstören.

Auch in Deutschland werden die chinesischen Trüffeln anstelle anderer Arten zur Täuschung benutzt. In Baden-Württemberg hat der Lehrer und Pilzexperte Peter Reil vor einigen Jahren einen Trüffelbetrug zur Anzeige gebracht, bei dem 3000 Kilo China-Trüffeln als Wintertrüffel *Tuber brumale* deklariert und verkauft wurden. Reil hatte einige davon über eBay gekauft und sie dann unter dem Mikroskop geprüft. Das Verfahren wurde eingestellt, weil die Beschuldigten aussagten, es habe sich um ein Versehen gehandelt.

In einem anderen Fall ließ Reil im Schulunterricht getrüffelte Leberpastete überprüfen. Ein Schüler ertappte dabei eine Firma, die anstelle von „Sommertrüffeln" China-Trüffeln verwendete. Das Unternehmen reagierte auf die einfachste Weise: Man änderte das Etikett und schrieb fortan einfach Trüffel darauf. Das öffentliche Interesse für solche Dinge sei gering, moniert Reil, die Gefahr, entdeckt zu werden, ebenfalls. Dabei seien höhere Gewinnmargen als beim Drogenhandel zu verzeichnen.

LEGALE TRICKS UND IRREFÜHRENDE DEKORATION

Die China-Trüffeln haben es ermöglicht, dass viele der alten Fälschungsmethoden für Trüffelprodukte heute nicht mehr nötig sind. Bis zum Ende der 1990er Jahre nahm man zum Schwärzen von Sommertrüffeln noch Tintenfischtinte oder Nussöl, erzählte mir der Hamburger Trüffelhändler Joachim Schliemann. Die Schweizer Trüffelexperten René und Thomas Flammer fanden in Trüffelzubereitungen außer China-Trüffeln auch schwarze Pilze wie Totentrompeten oder gefärbte Porlinge und nicht deklarierte Wüstentrüffeln. Auch Pflanzenkohle, Schwarzwurzeln oder geräucherte Speckschwarten wurden als Trüffelersatz benutzt.[157]

Heute darf man China-Trüffeln in winzigen Stückchen in die Wurst oder andere Trüffelprodukte mischen und dann ganz legal „mit schwarzen Trüffeln" aufs Etikett schreiben. Der Kunde glaubt, er kaufe Edeltrüffeln und denkt, Geruch und Geschmack kämen von den schwarzen Punkten. Den gleichen falschen Eindruck vermitteln kleine Stückchen anderer Trüffelarten, die Öl, Marmelade, Senf, Salz oder Honig beigemischt werden. Aber sie liefern keinen Geschmack, sondern sind nur irreführende Dekoration. Denn stets wird den Produkten synthetisch hergestelltes Aroma beigemischt.

ETIKETTENSCHWINDEL: DIE SACHE MIT DEM AROMA

Kaum etwas betört Nase und Gaumen eines Gourmets so intensiv wie das echte, natürliche Aroma von weißen und schwarzen Edeltrüffeln. Und kaum etwas stört viele bewusste Genießer mehr als Geruch und Geschmack von industriell hergestelltem Trüffelöl und anderen aromatisierten Trüffel-produkten. Der Grund: Echte Trüffeln besitzen ein komplexes und nuancenreiches Aroma. Der für unser Geruchsorgan wahrnehmbare Duft setzt sich aus bis zu 20 verschiedenen Aroma-Molekülen zusammen. Bei der Reifung in der Natur und auch bei der Lagerung verändert sich das Geruchsprofil ständig.[158] Die Trüffelprodukte dagegen haben ein von Menschen zusammengestelltes, stabiles und höchst einfaches Aroma, das meist nur aus zwei bis fünf verschiedenen Molekülen besteht.

Wir müssen über Trüffel-Sulfid sprechen. Die Chemikalie hat die korrekten Bezeichnungen Bis(methylthio)methan oder 2,4-Dithiapentan. Sie ist der beherrschende Aromastoff der weißen Edeltrüffel *Tuber magnatum* mit ihrem etwas knoblauchartigen, käsigen Geruch. Der Duft der schwarzen Edeltrüffel *Tuber melanosporum* und anderer schwarzer Trüffelarten wird dagegen von mehreren Komponenten bestimmt. Dazu zählt die schwefelhaltige Verbindung Dimethylsulfid, ein Allerweltsaroma, das schwach konzentriert auch für den typischen Meeresgeruch sorgt.

Das Trüffel-Sulfid der weißen Trüffel kann industriell aus Erdölderivaten gewonnen werden. Und so wird es als billiger Aromastoff für die meisten getrüffelten Produkte benutzt – von Trüffelöl bis Trüffelwurst, Trüffelpasta und Trüffelbutter, für Trüffelbier, Trüffelchips und Trüffel-Burger. Viele Menschen achten nicht darauf und halten das penetrant riechende Trüffel-Sulfid sogar für den natürlichen Trüffelgeruch. Und sie lassen sich zudem weismachen, dass Geschmack und Geruch eines Produktes von den kleinen Trüffelstückchen stammen, die in der Flasche herumschwimmen oder von den winzigen schwarze Flecken in der Salami. Weit gefehlt! Die Hersteller vermeiden die Aufklärung.

Viele Unternehmen wollen zudem den Eindruck erwecken, sie hätten für ihre Produkte nur die besten und teuersten Trüffelarten benutzt, also die weiße *Tuber magnatum* und die schwarze *Tuber melanosporum*. Erst beim genauen Lesen der Etiketten sieht man dann, dass mit weißen Trüffeln auch die Bianchetto-Trüffel *Tuber borchii* oder andere weißliche und minderwertige Sorten gemeint sind und dass als schwarze Trüffeln auch Wintertrüffel *Tuber brumale*, die Sommer- oder Burgundertrüffel *Tuber uncinatum/aestivum* und die China-Trüffel *Tuber indicum* benutzt werden. Der Aromastoff ist dann aber stets wieder das Trüffel-Sulfid. Dabei haben Trüffelarten wie *Tuber borchii, Tuber aestivum oder die* „Teertrüffel"

Tuber mesentericum sehr interessante und ganz andere Aromastoffe als die weiße Edeltrüffel *Tuber magnatum*, sagt der Aromaexperte Dr. Richard Splivallo. „So machen uns die industriellen Produkte nicht nur glauben, dass alle Trüffel gleich riechen, sondern sie verhindern, dass man die vielen sehr interessanten Trüffelaromen kennenlernt."

Die Lektüre der Inhaltsstoffe auf einem Etikett ist äußerst verwirrend. Denn die EU-Aromenverordnung ist auch bei der Bezeichnung „natürlich" allzu großzügig. Beispiel Himbeere: Nur, wenn ein Aromastoff direkt aus Himbeeren gewonnen wurde, darf es als „natürliches Himbeeraroma" bezeichnet werden. Spricht die Zutatenliste bei einem „Himbeer-Produkt" nur von „natürlichem Aroma" ohne die Nennung von Himbeeren, so stammt das Aroma zu mindestens 95 Prozent aus anderen tierischen oder pflanzlichen Ausgangsstoffen – aber nicht aus Himbeeren. Ist nur von „Aroma" die Rede, wurden die Aromastoffe des Produkts synthetisch hergestellt.

Die gleichen Regeln gelten für Trüffeln. Der Haupt-Aromastoff der teuren weißen Trüffel kommt zwar auch in anderen natürlichen pflanzlichen oder tierischen Ausgangsstoffen vor, etwa in einigen Käsesorten, gekochtem Fleisch oder Shiitake-Pilzen. Es daraus zu gewinnen, ist aber im Vergleich zum synthetischen Aroma viel zu teuer – und für die großen Aromahersteller ist Trüffelaroma ein verschwindend kleines Marktsegment. Man könne ein gutes Trüffelöl auch nicht einfach aus mehreren Aromastoffen zusammenmixen, erklärt mir der Aromaexperte Dr. Richard Splivallo. Einige Aromastoffe seien vielleicht gar nicht als synthetische Produkte verfügbar oder zugelassen. „Und je mehr Moleküle man in einem Mix verwendet, desto wahrscheinlicher ist es, dass eines nicht stabil ist oder sich schneller abbaut oder verändert als andere." Trüffelprodukte sollen ja längere Zeit in einem Verkaufsregal lagern können.

Wie sehr bei kommerziellen Trüffelölen geschummelt wird, hat Splivallo als Juniorprofessor an der Goethe-Universität in Frankfurt am Main erforscht. Zusammen mit dem Deutschen Forschungszentrum für Gesundheit und Umwelt im Helmholtz-Institut in München stellte er fest, dass Öle mit angeblich natürlichem Trüffelaroma ganz einfach aufgebaut waren und dass vor allem Trüffel-Sulfid genutzt wurde.[159] Der Aromastoff wird bei der Produktion in Speiseöl geleitet und erinnert schon in geringer Konzentrationen an das Aroma der weißen Edeltrüffeln. Trüffel-Sulfid fand sich aber auch vorherrschend in Ölen, die den Geschmack von schwarzen Trüffeln imitieren sollten, obwohl diese in der Natur das Trüffel-Sulfid Bis(methylthio)methan gar nicht entwickeln. Außerdem entdeckten die Forscher in einigen Ölen Aromastoffe, die natürlicherweise überhaupt nicht in Trüffeln vorkommen; beispielsweise Dimethylsulfoxid, ein Lösungsmittel, das einen knoblauchartigen, an Trüffel erinnernden Geruch hat. „Viele der kommerziellen Aromen, die wir untersucht haben, waren nicht sauber", kritisiert Splivallo. Das sei Verbrauchertäuschung und Etikettenschwindel.

Für Chemie-Fans: Ob Bis(methylthio)methan aus der Natur stammt oder synthetisch hergestellt ist, kann man an der Struktur der Chemikalie selbst nicht erkennen, wohl aber anhand der gebundenen Kohlenstoff-Isotope, erläutert Dr. Karin Pritsch vom Helmholtz-Zentrum, die an der Studie mitgearbeitet hat. Bei der Entwicklung des Aromastoffes der Trüffeln sind Bakterien beteiligt. Dabei werden Kohlenstoff-Atome in einer anderen Isotopen-Zusammensetzung in das Trüffel-Sulfid eingebaut als bei der chemischen Synthese mit Grundstoffen aus Erdöl oder Erdgas. Bei der Analyse in einem Massenspektrometer zeige sich, dass synthetisches Trüffel-Sulfid eine Kohlenstoff-Signatur ähnlich wie Erdöl habe, sagt die Wissenschaftlerin. Sie nennt ihre Arbeit „einen kleinen Ausflug in die Kriminalistik". Eigentlich, so verrät sie mir, mag sie Trüffeln. Aber das synthetisch erzeugte Öl sei ihr einfach zu penetrant.

Splivallo gesteht zu, dass die bekannten Methoden zur Erkennung von künstlichem Trüffel-Sulfid nicht „bullet-proof" seien, nicht absolut sicher und dass sie manchmal zu „grauen", unklaren Ergebnissen führten. Auch echte weiße Edeltrüffeln hätten zuweilen eine ähnliche Signatur wie synthetische Aromastoffe. Die Unterscheidung sei nicht so einfach wie etwa bei Vanille-Aroma und Vanillin. Man brauche noch weitere methodische Ansätze, um die Echtheit von Trüffelprodukten zu beweisen. Und diese müssten dann noch mit vielen echten Trüffeln von vielen verschiedenen Orten und vielen synthetischen Aromen verglichen, überprüft und validiert werden, um ihre Zuverlässigkeit zu verifizieren. „Man sollte sie dann allen zur Verfügung stellen, um die betrügerische Kennzeichnung zu beenden, die seit Jahrzehnten im Trüffelhandel stattfindet."

Als ich im Dezember 2019 mit Splivallo spreche, beendet er gerade seine in Göttingen begonnene Universitätslaufbahn als Trüffelforscher. Er hat mit einem Schweizer Partner eine Firma gegründet, die Geruchsstoffe aus natürlichen Trüffelextrakten für Business-Kunden anbietet. Die Aromen werden durch Fermentation aus echten Trüffeln gewonnen, um der Komplexität des Geruchs und Geschmacks echter Trüffeln nahezukommen. Details gibt Splivallo nicht preis: „Unsere Erfindung besteht darin, dass wir wirklich verstanden haben, wie man den natürlichen Entstehungsprozess der Aromen in den weißen Trüffeln nutzt, um authentische Trüffel-Aromen zu erhalten."

Der Wissenschaftler weiß, wie schwierig es ist, die Verbraucher wieder umzugewöhnen, die sich an den stärkeren Geruch und Geschmack von Trüffelöl gewöhnt haben und es „besser" finden als das komplexe Aroma der echten Trüffeln. Immer wieder werde seine Firma von Kunden gefragt, ob das Öl nicht schmecken könne „wie früher". „Man muss dem Verbraucher beibringen, dass weniger starker

Geruch ein besserer Geruch ist", sagt Splivallo.

Ein Öl, das nur natürliche Aromastoffe enthalten soll, bietet die französische Firma La Tourangelle an. Es enthält laut Etikett „Natürliches Weiße-Trüffel-Aroma und zehn Prozent andere natürliche Aromen" und riecht harmonisch nach *Tuber magnatum*, nicht so abstoßend wie die synthetischen Öle mit Trüffel-Sulfid. Guilhelm Vedel, Direktor für Forschung und Entwicklung bei La Tourangelle, versichert, dass keine synthetischen Aromen aus dem Labor enthalten seien – er glaube dem Hersteller des Aromastoffs. Auch bei anderen Firmen scheint es mittlerweile ein Umdenken zu geben, selbst beim nach eigenen Angaben größten Trüffel-Unternehmen der Welt, Sabatino Tartufi. Das aus Umbrien stammende Unternehmen macht nach Angaben seines Eigentümers Federico Balestra weltweit 40 bis 50 Millionen Euro Jahresumsatz, die Hälfte davon mit verarbeiteten Trüffelprodukten.[160] „We truffle-ize anything" heißt es auf der Website, „Wir trüffeln alles, Snacks, Käse, Wurst. Sie müssen nur fragen." Neben Produkten mit künstlichem Trüffelaroma wird auch Trüffelöl aus natürlichem Extrakt von weißen oder schwarzen Trüffeln angeboten. Im Gespräch beteuert Federico Balestra: „Wo ‚Natürliches Trüffelöl' draufsteht, ist auch nur natürliches Aroma drin!" – Allerdings haben wir ja gerade gelernt, dass die Kennzeichnung „natürliches Aroma" sagt, dass das Aroma nicht aus Trüffeln, sondern aus anderen tierischen oder pflanzlichen Stoffen stammt.

Dem verwirrten Trüffelliebhaber bleibt die Hoffnung, dass mehr Produkte mit wirklich natürlichen Aromastoffen aus Trüffeln entwickelt werden und die Unternehmen die Wahrheit sagen. Angesichts der unterschiedlichen Bezeichnungen sollte man die Zutatenliste auf den Etiketten genau studieren. Da auch gute und berühmte Köche synthetisches Trüffelöl verwenden, ist beim Essen im Restaurant immer wieder neugieriges Fragen angebracht – in der Hoffnung, dass die Köche ehrlich sind und der Service auch wirklich Bescheid weiß. Trüffelaroma bleibt noch eine ganze Weile Vertrauenssache.

TRICKSEREIEN MIT DEN ALBA-TRÜFFELN

Es ist ein offenes Geheimnis, dass nur ein kleiner Teil der auf den Trüffelmärkten von Alba und anderen Orten im Piemont verkauften weißen Edeltrüffeln aus der Region kommt. Welches Ausmaß der Schmu der Händler hat, wurde vor einigen Jahren im „Processo tartufi" von Asti im Piemont aufgedeckt. Die Forstpolizei taucht im November 2011 plötzlich auf dem beliebten Trüffelmarkt Fiera del Tartufo der Stadt auf. Sie beschlagnahmt kiloweise Trüffeln sowie die Einkaufs- und Verkaufsrechnungen von 14 Trüffelhändlern aus Asti und dem

30 Kilometer weiter südlich gelegenen Alba. Die Razzia löst nach den Berichten der Lokalzeitung „La nuova provincia" heftige Proteste von Händlern und Politikern aus, die – zu Recht – um den Ruf der Alba- und Piemont-Trüffel und um ihre guten Geschäfte fürchten.

Die Auswertung der Unterlagen durch die Staatsanwaltschaft ergibt, dass die meisten „Alba"-Trüffeln aus anderen Gebieten Italiens wie der Region Acqualagna in der mittelitalienischen Marken-Region sowie auch aus dem kroatischen Istrien stammten. Die Einkaufsrechnungen sind in vielen Städten Italiens ausgestellt, dazu gibt es Eigenbelege ohne Herkunftsangabe. Wie zu erwarten, endet das 2014 begonnene Gerichtsverfahren nach zwei Jahren mit Freisprüchen, weil nicht nachzuweisen ist, dass die Händler ihre Kunden durch falsche Angaben täuschen wollten. Bei Verkäufen hatten die Händler gesetzestreu angegeben, es handele sich um „Alba"- oder „Acqualagna"-Trüffeln – in Italien Produkt-Namen von *Tuber magnatum* und keine Herkunftsbezeichnung. „Die Trüffeln haben kein Nummernschild", sagt der zuständige Inspektor der Forstpolizei vor Gericht. Die Herkunft sei wissenschaftlich nicht nachweisbar. „Unser Job basiert nur auf Buchhaltungen, Rechnungen und Aussagen von Käufern und Verkäufern." Die Trüffelkunden aus der Gastronomie spielen mit und bestätigen, dass sie nur gute weiße Trüffeln zu angemessenen Preisen bekommen hätten. Einer der Organisatoren der großen Internationalen Auktion der Alba-Trüffeln in Italien sagt aus: „Es ist uns egal, woher die Trüffeln kommen. Jede Trüffel unterliegt dem strengen Urteil einer Sonderkommission und kann nur versteigert werden, wenn sie den Geruchs-, Geschmacks- und Qualitätstest besteht." Asti hat dennoch mehrere Jahre unter den Folgen der Razzia zu leiden. Denn viele Trüffelsucher wollten nicht mehr auf dem Trüffelmarkt ausstellen – aus Angst vor Kontrollen.

Betrug mit Alba-Trüffeln ist für die Täter besonders lukrativ. Der deutsche Experte Peter Reil hat berichtet, dass sogar die fade Wüstentrüffel als „Piemont-Trüffeln" verkauft worden ist. Restaurantbesucher bekamen auch die roh giftige Mäandertrüffel über Spaghetti gehobelt. In Bologna wird im Jahr 2012 ein groß organisierter Trüffelbetrug mit einer anderen Trüffelart aus Nordafrika aufgedeckt, der nahezu wertlosen Trüffelart *Tuber oligospermum*. Die für den Gesundheitsschutz verantwortliche Abteilung der Carabinieri beendet die Machenschaften von vier Großhändlern, welche die Trüffeln in Tunesien gekauft und sie als weiße Bianchetti-Trüffeln (*Tuber borchii*) vermarktet haben. *Tuber oligospermum* darf in Italien gar nicht verkauft werden, die Bianchetti-Trüffeln werden für 180 bis 700 Euro pro Kilo gehandelt. Ein geheimes Lager mit Trüffelprodukten im Wert von rund 700 000 Euro wird versiegelt, in Catering-Unternehmen beschlagnahmen die Gendarmen 300 Kilogramm von den Betrügern gelieferte frische Trüffeln. Die Firmen hatten das schwache Aroma der Afrika-Trüffeln dem Bericht des Ministeriums zufolge vor dem Verkauf noch mit synthetischem Aroma aufgepeppt.[161]

Dem italienischen Staat gehen durch den diskreten Handel mit Trüffeln viele Millionen Euro verloren. Die Medien bringen alljährlich Berichte über Steuerhinterziehungen. 2017 beginnen Steuerfahnder in Sora in den Abruzzen eine Aktion „Schwarzes Gold" und decken besonders umfangreiche Steuerhinterziehungen auf. Durch Scheinrechnungen hatten mehrere Trüffelhändler aus Umbrien und den Marken ihre Steuerschuld über Jahre um 66 Millionen Euro reduziert.

ARME HUNDE UND DAS GESETZ DES SCHWEIGENS

Der Lebensmittelbetrug hat eine lange Geschichte, viele sehen deshalb den Ersatz der Edeltrüffeln durch mindere Trüffelsorten gelassen. Schon 1873 schreibt der Botaniker Johann Friedrich Irmisch: „Wenn es auch nicht in Ordnung ist, so ist es auch kein großer Schaden."[162] Viel krimineller geht es zu, wenn Trüffelhändler überfallen werden, die Hunde von Trüffelsuchern an Gift zugrunde gehen oder gar tödliche Schüsse zum Schutz einer Truffiere fallen.

In Italien tobt ein verbissener Konkurrenzkampf zwischen den bis zu 200 000 Trüffelsuchern des Landes. Viele wollen ihre Fundstellen der schwarzen Trüffeln in Umbrien oder der noch kostbareren weißen Alba-Trüffeln im Piemont schützen. Tauchen Fremde auf, dann werden Autoreifen zerstochen, Türen eingedellt und Scheiben eingeschlagen – oder man greift zu härteren, grausigen Mitteln wie der Vergiftung von Hunden: Von 2013 bis 2018 haben Zeitungen in ganz Italien über mindestens 126 vergiftete Trüffelhunde berichtet, schreibt Ryan Jacobs, der die üblen Machenschaften in Italien sorgfältig recherchiert hat.

Die Dunkelziffer ist vermutlich viel höher. Der Tierarzt Remo Damosso in Asti berichtet Jacobs, er behandele während der Trüffelsaison von September bis Januar drei bis vier vergiftete Hunde pro Woche. In der Stadt mit 15 Tierärzten sind es wohl mehrere hundert Tiere pro Saison. Und je schlechter die Trüffelsaison, desto häufiger seien die Vergiftungsfälle. Damosso erzählt, dass die Saboteure in den 1970er Jahren begonnen hätten, zunächst klein gekochte Schwämme als Köder auszulegen. Die dehnen sich im Magen aus, so dass Hunde den Appetit verlieren oder auch sterben. Danach wurden immer öfter Fleischköder mit Glasscherben von Glühbirnen ausgelegt, die der Arzt noch entfernen konnte, wenn er einem Hund Vaseline-Öl zu trinken gab. Später kamen die Saboteure darauf, schnell wirkendes Strychnin in die Wasserpfützen nahe der Trüffelstellen zu tropfen, danach auf Rattengift und schließlich auf andere langsam wirkende Chemikalien. „Das ist eine Art Terrorimus", sagt der Arzt.

LIEBIG COMPANY'S FLEISCH-EXTRACT.
FRANKREICH (PÉRIGORD):
TRÜFFEL
(Tuber cibarium).
Erklärung siehe Rückseite

Als Gegenmaßnahme gegen die Köder der Saboteure hat die Forstpolizei in Agliano Terme nordöstlich der Trüffelstadt Alba die Belgische Schäferhündin Kira zum Aufspüren von Gift-Ködern angeschafft.[163] Unter den Substanzen, die Kira erkennen kann, befindet sich auch Endosulfan, ein Pestizid, das seit langem in der Landwirtschaft verboten ist, aber manchmal für vergiftete Köder verwendet wird. Diese Substanz verursacht wie andere sehr schmerzhafte innere Verletzungen bei den Tieren. Die Hündin wurde in Spanien ausgebildet.

Auf der Website Piemonte Tartufi gibt ein Tierarzt Ratschläge, wie man die Hunde davon abhalten soll, vergiftete Köder zu fressen und wie man dem Hund erste Hilfe leistet.[164] Er rät, den Hunden einen Maulkorb umzubinden und schon die Welpen zu erziehen, nichts vom Boden aufzunehmen und zu fressen. Außerdem solle man zur Trüffelsuche ein Brechmittel mitnehmen, um den Hund schnell damit behandeln und dann sofort zum Arzt bringen zu können.

Im Jahr 2008 hat die italienische Regierung strengere Gesetze gegen das Auslegen von Ködern gegen Wildtiere erlassen. Doch Tierarzt Damosso sagte, es würden kaum Fälle zur Anzeige gebracht. „Niemand will hier, dass die Behörden kommen, herumschnüffeln und die Nase in die Geschäfte der Leute stecken." Auch die besten Gesetze könnten da nicht viel ändern. Es gehe für die einfachen Arbeiter um zu viel Geld, meint Damosso. „Sie pfeifen auf die Konsequenzen." Abgesehen von den Hunde-Vergiftungen will der Arzt die Trüffelwelt im Piemont mit all ihren kleinen oder größeren Betrügereien und Geheimnissen nicht verändert sehen. „So kann die Einzigartigkeit der Trüffeln gerade in unserer Region erhalten bleiben."

In der Trüffelwelt gilt das Gesetz des Schweigens, sei es gegenüber der Steuerbehörde oder gegenüber der Polizei. Das gilt auch in Frankreich, wie der Trüffel-Gendarm von Grignan zu berichten weiß.

DER TRÜFFEL-GENDARM

ADC André Fougier, Adjudant Chef der französischen Gendarmerie, hat eine bizarre Video- und Foto-Sammlung auf seinem Dienstcomputer. Fahle Schwarz-Weiß-Bilder von Infrarot-Kameras. Vermummte Männer streifen nachts in paramilitärischer Kleidung unter Bäumen herum. Sie tragen Hosen in Flecktarnmuster, einige sind mit Nachtsichtgeräten ausgestattet. Manchmal laufen Hunde durchs Bild, Trüffelhunde. André Fougier ist Frankreichs Trüffel-Gendarm. Von November bis März jagt er Trüffeldiebe.

Ich treffe den Unteroffizier an einem Sonntag im Februar vor der Gendarmerie von Grignan, im Herzen des französischen Trüffelgebiets im Departement Drôme im Rhône-Tal. Der Ort wird von einem prächtigen Renaissance-Schloss überragt, in dem eine adlige Madame de Sévigné im 17. Jahrhundert literarische Briefe verfasste. In der umliegenden Landschaft wechseln sich Lavendelfelder, Weingärten, Olivenhaine sowie Trüffelwäldchen und Trüffelkulturen ab. Wenige Kilometer entfernt erreicht man die berühmtesten Trüffelmärkte der Provence, Richerenches und Valréas, viel weiter im Süden dann Carpentras und Aups.

Fougier sitzt im Auto, hat es eilig, denn in der Nacht zum Dienstag steht ein neuer Einsatz gegen Trüffeldiebe bevor. Seit November habe ich versucht, mit ihm ins Gespräch zu kommen, doch fehlte ihm die Genehmigung seiner Vorgesetzen. Die Gendarmerie ist ins französische Militär integriert und straff hierarchisch organisiert. Jetzt liegt die Erlaubnis plötzlich vor. Der Journalist, schreibt Fougiers Vorgesetzte, möge nur später eine Kopie seines Artikels zuschicken. So öffnet sich am Montag das gut gesicherte Eingangstor zur Gendarmerie und Fougier erzählt und plaudert mit großer Offenheit. Er ist Mitte 50, mit den schwarzen Haaren und der Brille sieht er mehr nach Schreibtisch aus als nach Verbrecherjagd. Er ist ein Kind des Landes, wuchs gleich nebenan im Örtchen Saint-Paul-trois-Châteaux auf.

„Alle Leute hier machen Wein und Trüffeln", sagt er. Seit jeher werden auch Trüffeln gestohlen. Etwa ein Dutzend Fälle bearbeitet Fougier im Jahr. Die Besitzer der Truffieren bewachen ihre Waldstücke so gut wie möglich, manch einer hat die Schrotflinte griffbereit. „Als ich hier vor 20 Jahren anfing, patrouillierten viele Trüffelanbauer nachts mit Knüppeln in der Hand im Wald. Auch die Diebe hatten Knüppel dabei, dann nahmen sie Schraubenzieher mit, Pistolen und schließlich Gewehre." Ein Trüffelbauer wurde getötet, als er Diebe überraschte. Er schoss in die Luft, aber die Diebe zielten auf ihn und er starb. Ab und zu werden auch Autofahrer ausgeraubt. Besonders gefährdet sind die Courtiers, die auf den Märkten einkaufen. Einer von ihnen hatte vor ein paar Jahren 30 Kilogramm Trüffeln im Wert von mehr als 20 000 Euro dabei, hielt nur kurz zur Mittagspause und fand sein Auto dann aufgebrochen und leer. Die meisten der Courtiers wechseln oft ihre Autos und wählen immer andere Fahrtrouten zu den Märkten. Zudem sind Hundediebstähle häufig. Die Trüffeldiebe versorgen sich selbst mit den Tieren und verkaufen Hunde in andere Départements. Einem Bauern, der einen Dieb erkannte und bei der Gendarmerie anzeigte, wurde der Hund aus Rache mit präparierten Fleischködern vergiftet. Dazu sägten ihm Unbekannte einige der besten Trüffelbäume ab.

Als Faugier als junger Gendarm ins nahe Souze-la-Rousse kam, freute sich ein Nachbar: „Gut, dass du kommst, uns werden Trüffeln geklaut, einem Bauern haben sie den Hund gestohlen." Noch nie hatte sich der Mann vorher an die Gendarmerie gewandt. „Die meisten Diebstähle werden gar nicht angezeigt", sagt Faugier. „Man ist hier sehr verschlossen, mag nicht über Trüffeln sprechen." Weder gegenüber der Steuerbehörde, noch gegenüber der Gendarmerie oder

Neugierigen. „Wenn sie es sagen, dann wissen die anderen ja, dass sie Trüffeln haben." Nun übernahm Faugier den Fall und fasste die Hundediebe. „Alle sprachen dann drüber, dass sich Monsieur Faugier um Trüffeln kümmert", erzählt er, – „und so hat es angefangen." Er lächelt stolz aus seinen dunklen Augen.

Dann baute er sich ein Informanten-Netzwerk über Trüffeldiebe auf und ließ sich berichten, wenn sich verdächtige Personen zeigten. Heute hat er 77 Besitzer von Truffieren im Departement Drôme, die ihn informieren und die er gleichzeitig per SMS erreichen kann. „Zuerst brauchen wir die Informationen, Trüffelbauern mit Vertrauen. Und wenn wir dann wissen, dass dassselbe Auto an jedem Abend gegen zehn Uhr an der Truffiere stoppt, dann sind wir da. Aber man muss uns eben Bescheid sagen, und viele tun es nach wie vor nicht."

Bevor Trüffeldiebe mit ihren Hunden nachts auf Trüffeljagd gehen, suchen sie tagsüber günstige Stellen und merken sich Bäume mit deutlichen Brûlés, den kahlen Stellen im Wurzelbereich, die gute Funde versprechen. Faugier erzählt, manche Diebe liefen schon im Sommer herum, um sich zu informieren. Sie suchten sich fast nur Truffieren aus, die ein Bewässerungssystem haben, denn nur dort gibt es Trüffeln. Auch Faugier ist in all den Jahren zum Trüffelexperten geworden und weiß: Wer angesichts des Klimawandels mit seinen regenarmen Sommern die Bäume nicht bewässert, wird keine Trüffeln ernten. „Man müsste mehr vorankommen", sagt er. „Aber wir sind eben Franzosen, wir sind der Hahn, wir denken immer: ‚Wir sind die besten, die besten, die besten und bleiben es auch.'"

Weithin bekannt wurde Faugier durch den spektakulären „Truffierenmord" im Département Drôme am 20. Dezember 2010. Da tötete ein 32 Jahre alter Bauer einen zehn Jahre älteren Mann, den er nachts auf seiner Truffiere überraschte. Der Täter schoss den Mann nieder und traf das Opfer noch mit einer zweiten Ladung im Rücken, als es sich noch einmal aufrichtete. Der Fall brachte die Region in Wallung. Im Trüffelort Richerenches spendeten die Trüffelbauern dem Todesschützen Beifall. Im Heimatort des Opfers protestierten 300 Menschen, der Mann habe es nicht verdient, wie ein Hund getötet zu werden. Im Mai 2015 wurde der Todesschütze zu acht Jahren verurteilt. Er gab an, er sei aus Angst vor Trüffeldieben in Panik geraten. Faugier sagte als Zeuge aus.

Pikant ist, dass der Erschossene ein Freund des Gendarmen und einer seiner wichtigsten Informanten war. Er hatte immer wieder Tips über mögliche Trüffeldiebe gegeben. Noch heute mag André Faugier nicht glauben, dass sein Freund nachts auch als Dieb unterwegs war – obwohl er bei der Bevölkerung einen durchaus zweifelhaften Ruf hatte. „Ich kannte ihn anders, ich bin mit ihm zur Schule gegangen." Der Prozess brachte keine völlige Klarheit. Manche sagen, das Opfer habe nachts nur an der Truffiere angehalten, um mal pinkeln zu gehen. Sein Hund wurde am Tatort nicht gefunden. Der Schütze ist vier Jahr nach dem

Prozess wieder frei. „Da drüben wohnt der Täter", sagt Faugier und streckt den Arm aus. Er meint: „Wenn der Besitzer der Truffiere uns informiert hätte, dann hätte es den Mord nicht gegeben."

Aber der Fall sorgte dafür, dass der Trüffelgendarm seine Vorkehrungen gegen die Diebe verstärken konnte. Er kannte einen General der Gendarmerie, dem er ausführlich die Gefahren schilderte und dieser handelte. Die Brigade bekam Allrad-Fahrzeuge und Nachsichtgeräte. Seit dem Mordfall werden nun die wichtigsten Trüffelmärkte von Gendarmen mit Maschinenpistolen überwacht. Außerdem wurden die gesetzlichen Vorschriften verstärkt. Nach der französischen Gesetzgebung gab es früher gar keine Trüffeldiebstähle. Man kannte nur das Delikt des Diebstahls von „zehn Litern" Pilzen. „Zehn Liter Champignons oder auch Steinpilze – das ist nicht viel", sagt Fournier. „Aber zehn Liter Trüffel, das ist enorm" – mehrere hundert oder mehr als tausend Euro. So wurde nach dem Drôme-Mordfall im Forstgesetz im Jahr 2012 der Artikel über den Trüffeldiebstahl eingeführt. Die Strafen reichen bis zu drei Jahren Haft, je nach Schwere des Delikts und der Art der Täter. Faugiers Rat ist gefragt. Er ist Mitglied in verschiedenen Trüffelverbänden, beantwortet Fragen bei Versammlungen und hält auch Vorträge in anderen Départements und sogar in Südwesten des Landes im Périgord – „mit seinen schlechten Trüffeln" rutscht ihm heraus. Denn jeder Franzose ist davon überzeugt, dass die Produkte der eigenen Region die besten der Welt sind.

Mit Hilfe der Infrarot-Kameras und Nachtsichtgeräte konnte man die Diebe besser beobachten, die Nachtsichtgeräte halfen bei der Verfolgung auf den Truffieren. Aber die Diebe, so meint Faugier, seien der Gendarmerie immer einen Schritt voraus. „Immer!", sagt er. „Sie haben sich Geräte besorgt, mit denen man die Überwachungskameras in den Bäumen entdeckt und können selbst Nachtsichtgeräte orten." In der kommenden Nacht steht nun der nächste Einsatz bevor. Auf den Videobildern der letzten Tage sind acht Personen zu sehen. Ein junger Mann mit unverhülltem Gesicht ist klar zu erkennen. Faugier ist angespannt. „Für einen Verdächtigen braucht man acht Mann", sagt er. „Auch die Hunde fangen wir ein, das will die Staatanwaltschaft, denn Trüffelhunde sind wertvoll."

Dann sucht er weiter in seinen Videodateien und zeigt mir die Aufnahme seiner bösesten Niederlage. „Ich hatte im Januar 2013 einen Nachbarn in Saint-Paul-trois-Châteaux, dem enorm viele Trüffeln gestohlen wurden. Man erkennt es am aufgewühlten Boden um die Bäume. „Er wurde beklaut, beklaut, beklaut", sagt Faugier. „14 Tage lang haben wir die Bande beobachtet und Kameras installiert. Am Tag des Einsatzes wurden 30 für Sondereinsätze trainierte Gendarmen schon nachmittags in Tarnkleidung in Gräben versteckt. Wir sahen die Diebe kommen." Dann richtete der Chef der Einsatzgruppe sein Sichtgerät auf den Anführer, doch auch von dessen Kopf aus blitzte ein Infrarotstrahl zurück. Der Mann schrie

„Les flics", die Bullen, und die Bande verschwand. „Sie sind stärker als wir", sagt Faugier, aber ohne eine Spur von Resignation. Er kannte die Verdächtigen, sie stammten aus der Gegend von Avignon und sollten auf frischer Tat ertappt werden. „Hier kann man einen erkennen", sagt er und noch einmal mit etwas Anerkennung in der Stimme: „Die sind stark, wirklich stark, die haben keine Angst."

Am Dienstag frage ich ihn per E-Mail, ob es diesmal geklappt hat, und er meldet militärisch knapp die Bilanz: „02 Personen sind festgenommen, in Erwartung von 5 oder 6 weiteren, keine Hunde wurden gefunden.... ADC FAUGIER."

**EIN ENGLISCHER TRÜFFELJÄGER
AUS DEM PENNY-MAGAZINE VON 1838**

GRIMOD DE LA REYNIÈRE (1810): DIE MORGEN-AUDIENZ DES FEINSCHMECKERS

DEUTSCHLAND: WIE DIE TRÜFFELHUNDE ZU UNS KAMEN

Reiche und Adlige sind auch in Deutschland früh auf den Geschmack der Trüffeln gekommen. Der Augsburger Kaufmann Hans Fugger bedankt sich im Jahr 1584 in einem Brief für eine Lieferung Oliven und Trüffeln aus Italien. In Niedersachsen ordert der Hof des Kurfürsten Ernst-August im März 1703 Trüffeln für einen luxuriösen Empfang des Königs von Spanien. Der König war der habsburgische Prätendent Karl III. Er sollte in Hameln empfangen werden, wo „2 Pfd fr. Trüffeln gut oder keine" zu beschaffen seien.[165]

Der Forstwissenschaftler Walter Kremser vermutet, dass die Trüffeljagd in Deutschland schon Ende des 17. Jahrhunderts begann, „vielleicht noch ohne Hunde". Denn italienische Trüffelhunde kamen erst etwas später bei den deutschen Fürstenhäusern in Mode. Die Frage, welcher deutsche Hof diesen Hype zu Beginn des 18. Jahrhunderts entfacht hat, sei einstweilen ungeklärt, schreibt Trüffelforscher Rengenier C. Rittersma.[166] Bayerische Fürstenhöfe hätten wohl eine Vorreiterrolle gespielt, begünstigt durch die Heirat eines Wittelsbachers mit einer Tochter des Herzogs von Savoyen. Im Jahr 1718 stellt Bayerns Kurfürst Max Emanuel den „Tardüflen Jäger" Joseph Asinaro an und bewilligt ihm einen Gulden Tageslohn und jedes Jahr „ein Klaid".

Die ersten Trüffelhunde und Trüffelsucher sind aber schon 1712 in Form eines Geschenks des Herzogs von Savoyen an den württembergischen Erbprinzen Friedrich Ludwig eingetroffen. Der Erbprinz war im Alter von neun Jahren von seinem Vater Herzog Eberhard Ludwig von Württemberg auf Studienreise geschickt worden. Er hält sich drei Jahre in Begleitung seines Hofmeister Christoph Peter von Forstner von Dambenoy am Hof von Herzog Viktor Amadeus II. in Turin auf.[167] Zum Abschied bekommt er vom savoyischen Hof ein Geschenk, über das später der Reiseschriftsteller Johann Georg Keyßler berichtet.[168]

Keyßler besucht den Hof im Jahr 1729 auf Empfehlung Forstners und lässt sich das Präsent vom Zeremonienmeister des Turinischen Hofes schildern, dem Marquis d'Angrogna. Demnach werden dem zwölfjährigen Erbprinzen auf Vorschlag seines Hofmeisters zwei „wohlabgerichtete" Trüffelhunde überreicht.

Bei der Übergabe sind sie zusammen mit je zwei Wind- und Dachshunden vor eine kleine Kanone gespannt. Dazu gibt es eine weitere Kanone mit sechs Schafen mit vergoldeten Hörnern im Geschirr. Auf beide Geschütze ist das württembergische Wappen gegossen, schreibt Keyßler – und alles wurde „nebst einem Trüffel-Jäger nach Hause gesendet".

Hofrat Forstner ist nach Meinung Keyßlers der Entdecker der Trüffeln in Deutschland. Der Autor schreibt in seinem 33. Reisebrief aus dem Jahr 1729: „Man findet nun auch in allen Provinzen Teutschlands Trüffel, und müssen die Liebhaber dieses Gerichts dem geh. Rath Baron von Forstner vielen Dank haben, weil er sie in Teutschland zuerst entdeckt und zur Aufsuchung derselben abgerichtete Hunde mit aus Piemont gebracht hat." Für Keyßler ist das Piemont „gleichsam das Vaterland" der Trüffeln. Die Diplomatie mit Trüffelgeschenken des Hauses Savoyen funktionierte also auch zu Beginn des 18. Jahrhunderts mit dem Export von Trüffelhunden und Trüffelsuchern nach Deutschland. Die Fürstenhöfe wollten die verlockenden Knollen unbedingt auch im eigenen Herrschaftsgebiet finden – ungeachtet der Tatsache, dass die heimischen Arten in Geschmack und Aroma nicht mit den italienischen vergleichbar waren. Schnell begann man dann, selbst Trüffelhunde und Jäger auszubilden.

Der Markgraf von Bayreuth habe 1719 vier Hunde gekauft, berichtet sein Leibarzt Gottfried Held von Hagelsheim und nennt zehn Orte, an denen bei Bayreuth Trüffeln gefunden werden, sowie weitere bei Winsheim, Ansbach und im Bambergischen.[169] Er beschreibt die Trüffeln als außen „schwartz-braun, mit kleinen Hügeln" und innen „entweder scheckigt wie eine Muscaten-Nuß, gleichsam marmorirt, welche die besten seyn; oder weiß".

1720 druckt der deutsche Gelehrte Franz Ernst Brückmann einen Brief ab, dem zufolge ein vom Berliner Königshof engagierter Italiener mit drei abgerichteten Spürhunden im Raum Magdeburg/Helmstedt und bei Alvensleben nach „einem Erdschwamm namens Truffel" suche. Bisher habe die „herrliche delicatesse" bis zu 40 Reichsthaler pro Pfund gekostet. Das Trüffel-Gewächs aus Italien werde in Weinessig geliefert, „damit es unterwegs den Schmack nicht verliere", aber nun könnten die Trüffeln allzeit frisch aufgetragen werden. Deshalb habe der König den Trüffeljäger kommen lassen, „welchen er nicht allein propre kleidet, sondern auch monatlich 15 Rthlr. zahlt: Es wird ihm ein Pferd beigegeben und ein Königl. Jäger".[170]

Der in Dresden residierende August der Starke von Sachsen und Polen bekam im Jahr 1720 zehn Trüffelhunde für 100 Taler pro Stück aus Italien geliefert, berichtet Johann Beckmann 1796 in seiner „Waarenkunde". Ein Schäferhund hatte fünf Jahre zuvor in der Gegend von Sedlitz bei Dresden Trüffeln entdeckt. Der Ruf des kinderreichen Fürsten könnte zum Ruf der Trüffeln als „Zunder

der Wollust" beigetragen haben, meint Kremser.[171] In Brandenburg bekommt der Italiener Bernardo Vanini die exklusive Erlaubnis, im ganzen Fürstentum Halberstadt Trüffeln aufzuspüren, dafür muss er jährlich einige Pfund an die Hofküche liefern. Am großherzoglich-badischen Hof war der erste Trüffeljäger um 1740 ein Franzose, berichtet Forstrat Fischer: „Dieser betrieb das Trüffelsuchen zwar etwas kostspielig; von ihm lernten es aber mehrere Personen, welche er dabey brauchte."[172]

Am Hof des Grafen Johann Reinhard von Hanau wird 1721 der „Triffle-Jäger Antoni Butelli aus Turin" angestellt. Er erhält „nebst freyem Logiment" 300 Gulden und Brot für zwei Hunde und muss dafür Trüffeln suchen, „treulich zu der Küchenschreiberey abliefern" und einen Jungen anlernen. Fürst Christian von Nassau-Dillenburg in Hessen ließ den einheimischen Förster Mohr die Trüffelsuche erlernen und zwei Hunde abrichten. Gegen Ende des Jahrhunderts scheitert aber das Projekt, in den Wäldern von Dillenburg genügend Trüffeln für den Export in die Niederlande zu finden, berichtet Rittersma.

Die Folgen des Wissenstransfers in Sachen Trüffelsuche nach Deutschland sind sinkende Preise. Auch die Importeure müssen nun ihre Ware preiswerter anbieten. „Als noch alle Trüffeln aus Italien nach Teutschland verschrieben wurden, kostete das Pfund zehn Thaler und nicht selten noch mehr", rechnet Beckmann in der „Waarenkunde" vor. „Sie sind aber im Preis sehr gefallen, seit man sie in Teutschland selbst zu suchen angefangen hat. Die Mayländischen in Oehl eingelegten kosten jetzt das Pfund zwey oder drey Thaler."

Im 18. Jahrhundert ist die Trüffelsuche weitgehend ein Privileg des Hochadels. „Vor die ortolans und trüffel danck ich gahr sehr", schreibt „Soldatenkönig" Friedrich Wilhelm I. von Preußen 1725 an Leopold von Dessau, erfahren wir aus Grimms Wörterbuch. Erst später können dann Grafen und andere Adlige, Gutsherren und begüterte Bürger an der Trüffelsuche teilhaben. Die Kenntnisse über Trüffeln verbreiten sich durch Reiseberichte, Lexika und Hausbücher sowie durch die Köche, die ihre Rezepte von einer Anstellung zur nächsten mitnehmen. Wichtig war der französische Einfluss – einerseits durch die französischen Kontakte am Hof Friedrichs des Großen in Potsdam und die „Franzosenzeit" mit der napoleonischen Herrschaft zu Beginn des 19. Jahrhunderts, andererseits durch die Vorbildfunktion der französischen Kochkunst und Gastronomie.

Dichterfürst Johann Wolfgang von Goethe interessiert sich als Gourmet und als Naturforscher für die Trüffeln. 1810 schickt er einen Korb voller Trüffeln und getrockneter Schwämme mit Begleitbrief an seine Frau Christiane in Weimar. Verdorbene Knollen bekommt der Botaniker und Pilzforscher Christian Gottfried Daniel Nees von Esenbeck. In einem Brief vom 4. Februar 1820 an Esenbeck heißt es: „Die Trüffeln, die ich hier mitsende, stehen seit langer Zeit schon vor mir.

Es ist dabey zu bemerken: daß sie eine Umwandlung erlitten haben; mit ihrem Geruch und Geschmack verloren sie zugleich die gewöhnliche Lederzähigkeit, die Schwärze hat sich in eine Gräue verwandelt, die durch und durch geht, und sie lassen sich zu Pulver reiben. Alles dieses macht sie Ihnen vielleicht interessanter, indeß unsere Köchinnen darüber in Verzweiflung sind."[173]

Die Meinungen über die Qualität der Trüffeln sind im 19. Jahrhundert durchaus geteilt, nicht jeder macht den Rummel mit. Der Wiener Botaniker und Pilzexperte Leopold Trattinnick meint 1809, wenn man die Vorurteile der Mode und des Luxus beiseitelasse, so verdiene die Trüffel nicht, so hoch von den Mächtigen und Reichen geschätzt zu werden. Andere Pilze wie Champignons, Raslinge, Goldbrätlinge, Morcheln oder Steinpilze stünden ihr nicht nach.[174]

EINE „TRÜFFELNATION"?

Über die Menge der in Deutschland gefundenen Trüffeln darf man sich keine falschen Vorstellungen machen. Mag der Bedarf des bayerischen Hofs im 18. Jahrhundert aus den eigenen Wäldern gedeckt worden sein, so erreichen die deutschen Erträge doch niemals mehr als einen kleinen Bruchteil der Ernte in Frankreich. Die französische Produktion wird um 1870 von „Trüffelprofessor" Adolphe Chatin auf 1500 Tonnen geschätzt und 20 Jahre später sogar auf 2000 Tonnen. Dagegen summiert der Marburger Biologe Rudolph Hesse die gesamten Erträge in Deutschland 1890 auf 1000 Kilo, also eine einzige Tonne.

Darin sind auch die Erträge aus dem damals zum Kaiserreich gehörenden Elsass und aus Schlesien enthalten und nicht nur die von Sommertrüffeln, sondern auch von anderen Arten wie die Mäandertrüffel oder „Deutsche Trüffel" *Choiromyces meandriformis*. Also war Deutschland nie die „verspätete Trüffelnation", die der Historiker Rengenier C. Rittersma feierte, als vor fast 20 Jahren die Sommer- und Burgundertrüffeln in Deutschland wiederentdeckt wurden.[175] Und wer genau hinschaut, kann auch nicht die Angabe des Historikers bestätigen, „ganze Landstriche" seien in Deutschland gegen Ende des 19. Jahrhunderts zu Versuchsfeldern für den künstlichen Anbau der aromatischen Knolle geworden.

Rudolph Hesse verdanken wir den ersten umfassenden Überblick über die Trüffeln in Deutschland. Der Wissenschaftler hat die unterirdischen Pilze bereits 15 Jahre erforscht, als er 1891 sein großes Werk „Die Hypogäen Deutschlands" veröffentlicht. Er kennt die Verbreitung der Trüffeln wie kein Zweiter. Die Sommertrüffel *Tuber aestivum* ist nach seinen Angaben vor allem im Elsass und in Baden rund um Rastatt zu finden, dann nordöstlich in Hessen-Nassau um Wiesbaden und Kassel, weiter in Thüringen und Sachsen-Anhalt, am häufigsten aber im Regierungsbezirk Hannover, in der Umgebung von Hildesheim. Es fehlen Angaben aus Württemberg und auch aus Bayern. Hesses Liste umfasst etwa 80 Fundorte mit detaillieren Angaben. Aus Rotenkirchen bei Hildesheim wird eine kuriose Trüffelhatz aus dem Jahr 1879 notiert: „Eine Trüffel ist im Juli vom Oberförster einem Eichhörnchen abgejagt."

Um den deutschen Trüffelbedarf zu decken, waren also erhebliche Einfuhren aus Frankreich und dann auch aus Italien erforderlich. Chatin beziffert die jährlichen Trüffelexporte nach Deutschland in den Jahren 1880 bis 1885 auf durchschnittlich 38 Tonnen. Umgekehrt habe Frankreich in diesen Jahren aus Baden mehr als eine Tonne Sommer- bzw. Burgundertrüffeln bezogen. Das wäre ebenso viel wie Hesse als deutsche Gesamtproduktion angenommen hat.

Die meist aus Frankreich kommenden frischen und eingemachten Trüffeln sind auch am Ende des 19. Jahrhunderts „kein eigentliches Volksnahrungsmittel, sondern mehr eine Luxusspeise", schreibt Hesse. Jedes größere Kochbuch bietet zu dieser Zeit Rezepte zu ihrer vielfältigen Verwendung: „Bald werden sie in Fleischbrühe, bald in Wasser, bald in Wein [auch Champagner] gekocht, bald in heißer Asche gebraten, bald im Backofen gebacken, bald werden sie ungekocht in Scheiben geschnitten, die man mit frischer Butter bestrichen und mit etwas Salz und Pfeffer überstreut genießt, bald dienen sie als Zusatz zu Ragout, Saucen, Frikassee, Fleischfüllsel etc." Das entspricht dem Repertoire der französischen Köche.

In Schlesien isst man die Weißtrüffeln *Choiromyces* roh mit Butter und Salz. Trüffelforscher Hesse schätzt die Weißtrüffel im Geschmack übrigens als „vorzüglich" ein, während er die Sommertrüffel lediglich „sehr gut" nennt. In Prag ziehen andere Forscher wie die Mykologen Julius Vinzenz Krombholz und August Carl Joseph Corda die Weißtrüffeln sogar der Périgord-Trüffel vor. Aber man darf bezweifeln, ob sie je frische französische Trüffeln gegessen haben. Denn auf dem Markt von Prag gab es zu Krombholz' Zeiten in den 1820er Jahren nur Weißtrüffeln.[176]

In Berlin ist der Trüffelkonsum gegen Ende des Jahrhunderts und bis zum Ersten Weltkrieg erheblich. Die Berliner Hotelgesellschaft Kaiserhof und die Firmen Borchert und Martiny, Hoflieferanten für Delikatessen, bestellen jährlich sieben bis zehn Tonnen französische Trüffeln, berichtet Hesse. Die Preise schwanken je nach Trüffeljahr zwischen 10 und mehr als 20 Mark pro Kilo. Sehr gute Kunden sind auch die großen Transatlantik-Reedereien. Die Hamburg-Amerika-Linie ordert im Februar 1912 bei der Firma „Chambon und Marrell" in Souillac in Frankreich insgesamt 3800 Dosen geschälte Trüffeln erster Wahl – zusammen 600 Kilo Trüffeln, wohl für die feinen Passagiere der ersten Klasse auf der großen Fahrt.

Der Großteil der Trüffelimporte und der heimischen Trüffeln geht in die

Die

Hypogaeen Deutschlands.

Natur- und Entwickelungsgeschichte, sowie Anatomie und Morphologie der in Deutschland vorkommenden

Trüffeln

und der diesen verwandten Organismen

nebst

praktischen Anleitungen bezüglich deren Gewinnung und Verwendung.

Eine Monographie

von

Dr. Rudolph Hesse in Marburg.

Band II.

Die Tuberaceen und Elaphomyceten.

Mit 11 lith. farbigen und schwarzen Tafeln.

Halle a. S. 1894.
Verlag von Ludw. Hofstetter.

Hesse, die Hypogaeen Deutschlands. Tafel. XI.

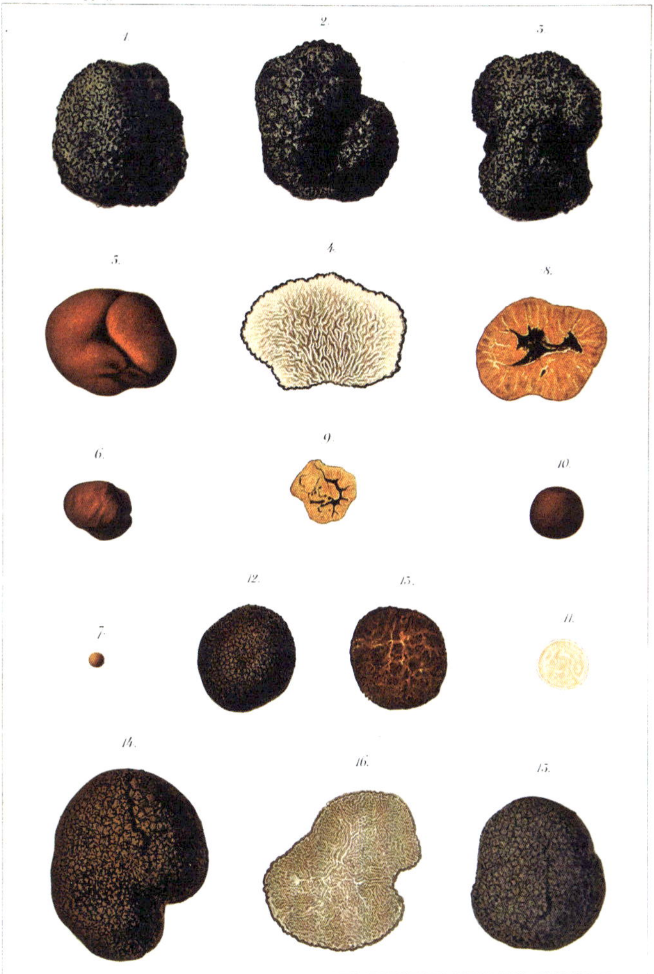

1. 2. 3. 4. *Tuber aestivum* Vitt. 5. 6. 7. 8. 9. *Tuber excavatum* Vitt.
10. 11. *Tuber rufum* Pico. 12. 13. *Tuber melanosporum* Vitt.
14. 15. 16. *Tuber brumale* Vitt.

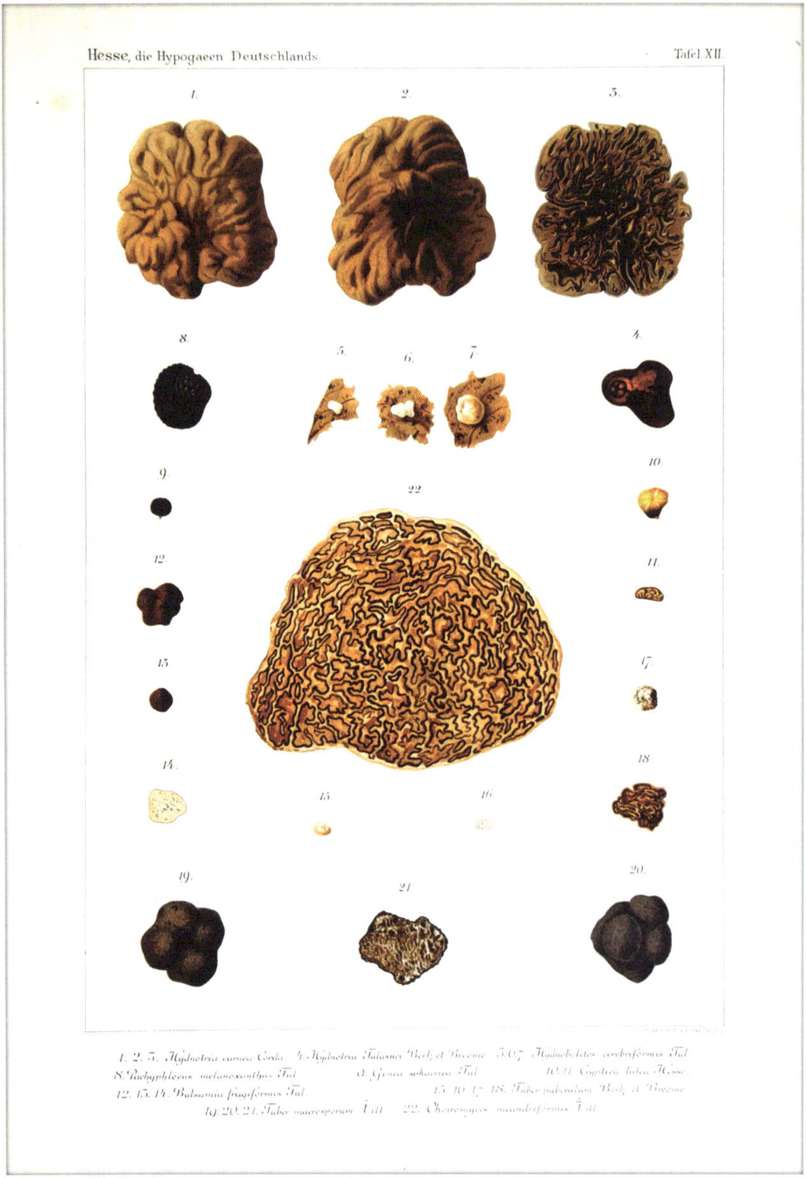
Hesse, die Hypogaeen Deutschlands.
Tafel XII.
1. 2. 3. Hydnotria carnea Corda. 4. Hydnotria Tulasnei Berk. et Broome. 5. 6. 7. Hydnobolites cerebriformis Tul.
8. Pachyphloeus melanoxanthus Tul. 9. Genea sphaerica Tul. 10. 11. Cryptica lutea Hesse.
12. 13. 14. Balsamia fragiformis Tul. 15. 16. 17. 18. Tuber puberulum Berk. et Broome.
19. 20. 21. Tuber macrosporum Vitt. 22. Choiromyces meandriformis Vitt.

Produktion von Wurst und Pasteten. Allein acht bis neun Tonnen frische oder eingemachte Trüffeln verbrauchen Firmen in Straßburg zur Herstellung der berühmten getrüffelten Gänseleberpastete. Braunschweig und Apolda in Thüringen sind dagegen die Zentren der Trüffelwurstproduktion in Deutschland. 1,2 Tonnen Trüffeln bestellt eine Firma in Apolda in jedem Jahr, ebenso viel gehen an mehr als ein Dutzend Trüffelwurstgeschäfte und Schlachtereien in Braunschweig.

Auch hier konnte man sich der guten Qualität der Rohware nicht immer sicher sein. Liebhaber der deutschen Weißtrüffel werden betrogen, indem man die Trüffel frisch oder getrocknet mit teilweise giftigen Bovisten mischt, berichtet Hesse. Er untersucht auch ein Glas mit schwarzen Trüffeln aus Frankreich und findet darin nicht weniger als vier *Tuber*-Arten im geschälten Zustand – außer der Périgord-Trüffel auch Sommer- und Wintertrüffel und sogar die weiße Alba-Trüffel.

150 JAHRE TRÜFFELSUCHE IN THÜRINGEN

Das Recht zur Trüffelsuche hatten in Deutschland anfangs als landesherrliches Privilegium allein die Fürstenhäuser. Sie besaßen das Jagdrecht, stellten Trüffeljäger an und verpachteten ihnen die Trüffeljagd. Erst im Laufe des 19. Jahrhunderts wird die Suche auch ein gutsherrliches Vorrecht der Waldbesitzer, juristisch ein Forstrecht oder im Zusammenhang mit der Schweinehaltung Teil des Mastrechts. In manchen Gebieten war die Trüffelsuche noch frei.

Im Herzogtum Gotha wird die Trüffeljagd mehr als 150 Jahre kontinuierlich betrieben. Der Hof stellt den Forstbediensteten G. F. Backhaus etwa 1720 als ersten fürstlichen Trüffeljäger an. Er bekommt Gehalt und Naturalbezüge und wird mit ein bis zwei Talern pro Pfund Trüffeln bezahlt. Wenn die Herrschaft versorgt ist, darf er auch privat verkaufen. Backhaus ist so eifrig, dass er 1722 für seine Verdienste zum Förster und 1731 zum Oberförster ernannt wird. Als einer seiner Nachfolger erhält 1766 ein Heinrich Döbel aus Goldbach die Konzession für das Herzogtum, in dem jährlich 100 bis 130 Pfund Trüffeln gefunden werden. Das Privileg wird in Döbels Familie weitergegeben, wenn einer der Jäger nach Jahrzehnten der Trüffelsuche stirbt. 1848 erlischt das fürstliche Privilegium. 1863 übernimmt ein Trüffelsucher mit Namen Salzmann das Geschäft. Er übt es auch noch 1874 aus – „freilich hat es als f r e i e s Gewerbe an Bedeutung und Reiz – aber auch in Folge unserer modernen Forstcultur an Ergiebigkeit wesentlich verloren", schreibt der Lehrer und Pilzbuchautor August Röse aus Schnepfenthal.[177]

Hier stoßen wir auf den wohl wichtigsten Grund für den Rückgang der Trüffelernten auch in Deutschland. Zu einer Zeit, als Frankreich nach der Reblausplage neue Kulturflächen für Périgord-Trüffeln auf ehemaligen Weinbergen schafft und damit neue Ernterekorde ansteuert, beginnt in Deutschland der Niedergang, weil sich die Waldwirtschaft ändert. Der Forstwissenschaftler Walter Kremser hat dies am Beispiel Niedersachsens gezeigt. Dort wird die einträgliche Trüffelsuche im Leinetal zwischen Hannover im Norden und Münden im Süden noch bis in die 1930er Jahre ausgeübt. Sie geht aber durch das Abholzen der Wälder und das Verschwinden ursprünglicher Waldtypen stetig zurück.

Beispielhaft für die Auswirkung der veränderten Waldwirtschaft ist der Raum Osnabrück, wo der genussfreudige kirchliche Reichsfürst Clemens August (1700 bis 1761) als Bischof opulent zu tafeln pflegt. Dort werden die Trüffeln immer seltener, nachdem die Franzosen ab 1811 die Wälder für den Bau militärischer Stützpunkte für die Kontinentalsperre an der Küste abholzen lassen. Auch der Holzverbrauch der Köhler und das Abtragen des Waldbodens als Dünger (Plaggenhieb) hätten den Wäldern nachhaltig geschadet, schreibt Kremser. Als die Wälder wieder aufgeforstet werden, sind das Interesse an den Trüffeln und die Kenntnis über die Suche kaum noch vorhanden.

Aber es gibt auch Erfolge. Das berühmteste preußische Trüffelrevier in der ersten Hälfte des 19. Jahrhunderts war die Oberförsterei Lödderitz an der Elbe bei Aken im Bezirk Magdeburg, schreibt Kremser. Dort sorgt ein Forstverwalter namens Heinrich Eugen von Meyerinck von 1823 bis 1846 für derart „brillante Laubholzaufforstungen", dass sein Sohn Richard zu hohen Stellungen im Staatsforstdienst aufrückt und „zum bekanntesten Amateur und gewiegtesten Kenner der Trüffeljagd" wird. Er findet bei Lödderitz in manchen Jahren 100 Kilo Trüffeln, dank eines naturnahen, ökologisch fundierten und standortgerechten Waldbaus. Allerdings wird der Erfolg nach 1870 durch große Regulierungen des Laufs der Elbe beeinträchtigt.

Die „Franzosenzeit" in Deutschland hatte mit der napoleonischen Verwaltung positive Auswirkungen auf die regelmäßige Trüffelsuche. So führte zum Beispiel jedes Braunschweiger Forstamt ab 1815 eine Akte „die Trüffeljagd betr.". Der Heimatforscher Detlef Creydt hat die kontinuierlichen Pachtverträge im damals zu Braunschweig gehörenden Landkreis Holzminden von 1815 bis 1938 untersucht.[178] Demnach steigen die Erträge bis zu einer Rekordernte im Jahr 1866 und halten ein hohes Niveau bis etwa 1900. Danach geht es mit der Ausbeute ständig bergab, bis Ende der 1930er Jahre keine Trüffeln mehr aufgespürt werden können. Die an die Waldbesitzer abgeführte Pacht wird geringer, manchmal muss sie wegen der schlechten Ernten reduziert werden. Im Jahr 1913 zahlt Trüffeljäger August Spannhuth aus Hohenbüchen 200 Mark Pacht, wegen der Kriegsereignisse im Ersten Weltkrieg im Jahr 1916 nur noch 40 Mark. Für 1917 wird ihm die Pacht erlassen, da die Mastschweine die Trüffeln vernichtet haben. Und noch mehr Ungemach trifft den Tischlermeister. Spannhuth verliert seinen

Hund, weil der Mäusegift gefressen hat. Das hatte die Forstverwaltung zum Schutz junger Baumkulturen ausgelegt.

Am einträglichsten ist die Trüffeljagd für die Oberförstereien Alfeld und Lamspringe bei Hildesheim, wo jährlich 1153 Mark Pacht kassiert werden. Die nebenberuflich tätigen Trüffeljäger aus dem Raum Holzminden verkaufen ihre Ernte über den Händler Heinrich Drechsler in dem kleinen Dorf Everode nach ganz Deutschland, von Bremen bis Berlin und Königsberg, bis Heidelberg und Köln. Die meisten Kunden sind Grafen und andere Adlige, aber auch hochstehende Bürgerliche und Offiziere. Außerdem werden die Trüffeln an Wurstfabriken verkauft. Dem Trüffelkontobuch der Familie Drechsler aus den Jahren 1911 bis 1921 zufolge bekommen die Trüffeljäger 3 Mark für das Pfund, der Verkaufspreis liegt dann bei etwa 4,50 Mark pro Pfund frische oder Konserventrüffeln mit Madeira-Wein.[179] 1920 steigt der Ankaufspreis auf 10 und der Verkaufspreis auf 20 Mark. Das Hauptziel der Suche sind schwarze Sommertrüffeln, doch wurden auch rotbraune Gekrösetrüffeln und Weißtrüffeln geerntet.

Die Erträge nehmen schließlich so stark ab, dass die Verpachtung 1938 ganz eingestellt wird. Ähnlich in Dassel im Ostsolling, wo ein Konrad Lehmensiek 1885 die Trüffelsuche mit einem Hund beginnt, den er vorbeikommenden Zigeunern abgekauft und abgerichtet hat.[180] Seine Familie übt die Trüffeljagd in vier Generationen bis 1940 aus, findet dann aber keine Trüffeln mehr. Für den Rückgang der Trüffelerträge werden auch hier die Zunahme des Schwarzwilds, häufiger Holzschlag und die Holzabfuhr verantwortlich gemacht. Weiter beklagt die Forstverwaltung 1916, dass die Trüffeljäger, die bis ins hohe Alter allein mit ihren Hunden durch die steilen Kalkberge streiften, ihr Wissen nicht weitergäben.

Angesichts der Veränderungen im Waldbau hätte dies wohl auch nicht mehr viel genutzt. Denn trotz Mahnungen sei es niemals gelungen, die Trüffelwälder zu schonen, anstatt sie für die Holzproduktion umzuwandeln, schreibt Kremser. Allenfalls hätte vielleicht die erfolgreiche Trüffelkultur helfen können. Die gab es aber nicht. Schon die Beete mit eingegrabenen reifen Trüffeln, die Alexander von Bornholz 1825 in seinem Büchlein „Der Trüffelanbau" vorschlug, konnten keine Früchte tragen. In Göttingen kritisieren die „Gelehrten Anzeigen" sofort nach dem Erscheinen des Buchs, dass Bornholz selbst keine Trüffelzucht versucht habe und keinen Ort nennen könne, wo dies erfolgreich geschehen sei.[181]

Der Autor bleibt den Nachweis auch 1842 in einer erweiterten Überarbeitung des Buchs schuldig, obwohl er auf dem Titelblatt auf die „langjährige Erfahrung" verweist, die Pilze „mit wenig Kosten an jedem Ort und fast zu jeder Zeit" ziehen zu können.[182] Erst lange nach Bornholz beauftragt die kaiserliche Regierung den Forscher Albert Bernhard Frank und den Botaniker Hesse mit neuen Kulturversuchen. Aber auch ihnen ist ein nachweisbarer Erfolg versagt. Weitere

Versuche bleiben 1910 bei Everode ergebnislos. In der Pfalz scheitern letzte Ansätze 1921. In dieser Zeit geht auch die französische Trüffelproduktion weiter zurück.

Die Exporte von Périgord-Trüffeln aus Frankreich nach Deutschland werden schon im Ersten Weltkrieg weitgehend unterbrochen und erholen sich wegen der schwierigen wirtschaftlichen Lage nach dem Krieg nicht wieder. Das bestätigt ein Senior der französischen Trüffelhändler, Jean-Jacques Mayssonnier in Souillac im Trüffel-Département Quercy, der den Exporthandel seiner ehemaligen Firma „Chambon et Marrel" anhand der Archive eingehend untersucht hat.[183] Wegen der radikalen Inflation der Nachkriegszeit in Deutschland und der politischen Unruhe hätten die deutschen Kunden ihre Bestellungen in den 1920er Jahren stark reduziert, sagt Mayssonnier. Erst nach dem Zweiten Weltkrieg ordern Feinkostläden und Wurstfabrikanten in Deutschland wieder mehr Trüffeln. Zu Beginn der 1930er Jahre war der Trüffelboom in Deutschland also erst einmal vorbei. Die Umwandlung der Wälder durch die Forstwirtschaft hat den heimischen Trüffeln schwer geschadet, die Exporte aus Frankreich brechen wegen mangelnder Nachfrage ein. Die in einigen Gebieten durchaus ansehnlichen Vorkommen der Sommer- und Burgundertrüffeln in Deutschland geraten weitgehend in Vergessenheit. Man hält sie sogar für so selten, dass sie unter Naturschutz gestellt werden.

UNTER NATURSCHUTZ

Dass die Trüffeln von den Nationalsozialisten unter Naturschutz gestellt worden seien, ist eine der vielen falschen Trüffel-Legenden. Wild wachsende Trüffeln und andere Speisepilze stehen in Deutschland überhaupt erst seit 1986 auf der Liste der geschützten Pflanzen. Zwar wurde das erste deutsche Reichsnaturschutzgesetz zwei Jahre nach Beginn der Nazizeit mit der Unterschrift von „Reichsforstmeister" Göring am 1. Oktober 1935 in Kraft gesetzt. Es beruht aber nicht auf dem Blut-und-Boden-Denken der Nazis, sondern auf Vorarbeiten von Naturschützern aus der Weimarer Republik. In den auf das Gesetz folgenden Verordnungen zum Schutze der Pflanzen und Tiere vom 18. März 1936 und vom 16. März 1940 sind gar keine Trüffeln oder andere Pilze aufgeführt.[184] Die These von Trüffelforscher Rittersma, „eine eher trüffelfeindliche Ernährungspolitik von Seiten der Nazis" habe für den Abschwung gesorgt und von dieser Haltung im sogenannten Dritten Reich sei der „Umgang mit Trüffeln hierzulande auch heute noch geprägt", ist durch meine Recherchen nicht bestätigt worden.

Die Nationalsozialisten wollten heimische Pilze im Rahmen ihrer „Kriegsernährungspolitik" nutzen. Eine ablehnende Haltung gegenüber Trüffeln findet sich auch in den von 1933 bis 1945 veröffentlichten populären Pilzbüchern nicht, die teilweise in Zusammenarbeit mit staatlichen Stellen herauskamen.

Angesichts der zurückgehenden Fleischproduktion solle das „Fleisch des Waldes" die „Eiweißlücke" schließen, heißt es in den letzten Jahren der Hitlerzeit in einem Vorwort aus dem Reichsministerium für Ernährung und Landwirtschaft zur Schrift „Die Pilzverwertung und ihre Zukunftsaufgaben". Sommertrüffeln und die „Deutsche Trüffel" *Choiromyces meandriformis* werden darin als sehr gute Speisepilze aufgeführt.

Das Reichsnaturschutzgesetz von 1935 war so ideologiefrei formuliert, dass es in der Bundesrepublik noch bis 1976 in Kraft blieb.[185] Zehn Jahre später werden Pilze und Trüffeln eher zufällig erstmals in die Liste der geschützten Pflanzen aufgenommen.[186] „Man dachte damals, man sollte eigentlich auch mal Pilze dazu nehmen", erzählt der 1986 zuständige ehemalige Fachreferent im Bundesamt für Naturschutz. Die Deutsche Gesellschaft für Mykologie stimmte „aus eher umweltpolitischen Gründen" zu, wie mir ein ehemaliges Vorstandsmitglied sagt, „um bestimmte wertvolle Laubwaldtypen zu schützen". Trüffeln seien damals so selten gesammelt worden, dass man über ihr Vorkommen und damit ihre Seltenheit kaum etwas habe sagen können. Heute wünschen viele Trüffelfreunde, dass die Trüffeln wieder aus der Liste der geschützten Pflanzen verschwinden, stoßen bei Naturschützern aber auf erheblichen Widerstand.

TRÜFFELHUND MAX UND DIE NEUE BEGEISTERUNG

Die Wirtschaftswunder-Bürger der Bundesrepublik beziehen erst viel später wieder tonnenweise Trüffeln aus Frankreich und Italien. Heute werden die Importe von Edeltrüffeln von Fachleuten auf bis zu 20 Tonnen pro Jahr geschätzt – tonnenweise China-Trüffeln kommen noch dazu, vor allem für die Wurstproduktion.

Nur wenige Trüffelspezialisten machten sich bis zur Jahrtausendwende auf die Suche – etwa der Pilzforscher Gerhard Groß. Der Saarländer ist stets ohne Hund unterwegs, vertraut auf einen scharfen Blick und viel Erfahrung bei der Beobachtung von Boden, Flora und Klima. 1975 schildert Groß in der Zeitschrift für Pilzkunde das Trüffelscharren mit einer kleinen Hacke im saarländischen Bliesgau. Es sei so anstrengend, dass Steinpilz- und Pfifferlingsfanatiker ohnehin keinen Spaß daran fänden. Für Groß sind Sommertrüffeln schon damals seit Jahren regelmäßiger Bestandteil des heimischen Speisezettels. Er findet sie vom Saarland bis zu den Ufern des Starnberger Sees und im Norden bis Dänemark.[187]

So bleibt die Trüffelsuche in Deutschland ein sehr spezielles und diskretes Hobby – bis der kleine Mischlingshund Max aus Sinzig Anfang des Jahres 2002 einen Ausflug nach Frankreich unternimmt. Max gehört der Tochter von Jean-Marie Dumaine, dem französischen Inhaber des Restaurants „Vieux Sinzig" in der kleinen Stadt an der Ahr zwischen Bonn und Koblenz. Dumaine hatte das Restaurant mit seiner Frau Colette im Jahr 1979 als 25-Jähriger übernommen und zu einem hoch angesehenen Restaurant für die Wildkräuterküche entwickelt. In der Ausbildung war der aus der Normandie stammende Koch nie Trüffeln begegnet. Erst 1994 ließ er sich Périgord-Trüffeln aus Südfrankreich schicken und war verzückt von ihrem Aroma.[188]

Bei einer Reise mit Gästen seines Restaurants zum Trüffelfest nach Uzès nördlich von Montpellier meldete er Max, eine struppige Mischung aus Dackel und Cairn-Terrier zum Trüffel-Wettsuchen an. Max findet zwei Trüffeln an Stellen, wo die einheimischen Kandidaten vergeblich herumgeschnuppert hatten. Zudem lernt Dumaine in Uzès Jean-Claude Pargney kennen, der als Trüffelforscher an der Universität von Nancy in Lothringen arbeitet und ihm erzählt, dass er als Student bei Stuttgart Burgundertrüffeln gefunden habe. Dumaine ist elektrisiert und lädt Pargney und den Vorsitzenden der lothringischen Trüffelvereinigung, Gérard Meunier, mit seinen Hunden zur Trüffelsuche nach Sinzig ein.

Zum Ortstermin am 21. Oktober 2002 bittet der umtriebige Dumaine auch gleich einige Journalisten. Die Experten nehmen Bodenproben, prüfen den Kalkgehalt des Bodens, und tatsächlich finden Meuniers Hunde die ersten Trüffeln. 200 Gramm! Es gibt Champagner. Am Nachmittag der zweite Fund am Pfaffenberg bei Bad Neuenahr – diesmal ist es Max, der binnen 20 Minuten 45 Trüffeln findet. Dumaine ruft noch bei der Nachrichtenagentur dpa an und abends geht die Meldung vom Trüffelfund an der Ahr über den „Ticker". Sogar in Frankreich wird die Depesche gedruckt, man glaubt zunächst fälschlich an Funde von Périgord-Trüffeln.

Dumaine versteht es, den für Pilzexperten keineswegs überraschenden Fund wirksam an die große Glocke zu hängen. Allerdings wird der Elan sofort ein wenig gebremst, weil sich schon wenige Tage nach dem ersten Fund bei Sinzig die Kreisverwaltung als Spielverderber meldet und Dumaine mit dem Trüffelsammelverbot in Deutschland konfrontiert. Dem Koch gelingt es, eine Sondergenehmigung zum Trüffelsuchen für wissenschaftliche Zwecke zu erhalten. Er gründet wenig später den Ahrtrüffel-Verein. 2006 wird an der Ahr die erste neue Truffiere in Deutschland gepflanzt – denn Trüffeln aus Kulturen stehen nicht unter Schutz und dürfen gesammelt werden. Die Aussicht begeistert viele. „Wir, die Mitglieder des Ahrtrüffel-Vereins, sind besessen davon, eine Idee zu verwirklichen, die in Deutschland über ein Jahrhundert vergessen schien", sagte damals der Pilzsachverständige Frank Krajewski, der die Plantage seitdem pflegt.

Mehr als ein Jahrzehnt später werden auf der kleinen Plantage dann Trüffeln gefunden, schließlich auch Burgundertrüffeln. Deutschland bleibt ein Land der Trüffel-Optimisten.

CONDAMY (1876): ENTWICKLUNG VON BAUMWURZELN UND TRÜFFELN IM BODEN

KLIMAWANDEL: HOFFEN UND BANGEN

Durch die Sitzreihen des Hörsaales der Universität Geisenheim schnuppern muntere Lagotto-Hunde. Der Hausmeister der Rheingau-Universität hat widerstrebend akzeptiert, dass die pudeligen Tiere im Auditorum bleiben dürfen. Sie sind heute „Arbeitsgeräte": Der Verband für Trüffelanbau und Nutzung in Deutschland präsentiert im Oktober 2019 neueste Erkenntnisse über „Trüffeln in Zeiten des Klimawandels". Das Thema ist gewichtig. Es kann gar entscheidend sein für die kleine, in zwei Jahrzehnten gewachsene Szene der Trüffelenthusiasten in Deutschland.

Auf dem Podium begrüßen Lothar Graf und Markus Mayer, Präsident und Geschäftsführer des Trüffelverbandes, prominente Wissenschaftler und Praktiker: den Forstwissenschaftler und Trüffelanbauxperten Dr. Ulrich Stobbe, den Bodenkundler Egon Janssen, den Agrarbiologen Josef Valentin Herrmann, die Professorin für Klimafolgenforschung Claudia Kammann sowie Ulf Büntgen, auf Trüffel spezialisierter Professor für Umweltsystemanalyse in Cambridge.

Das Auditorium ist bunt gemischt: Eigentümerinnen und Eigentümer von Trüffelkulturen, investitionswillige Neulinge, erfahrene Landwirte und Quereinsteiger aus anderen Berufen sitzen neben Naturfreunden, Anbietern von Trüffel-Bäumchen und Züchtern von Trüffelhunden. Sie alle wollen wissen, wie ihr Traum von der erfolgreichen Kultur der in Deutschland heimischen Sommer- oder Burgundertrüffel (*Tuber aestivum/uncinatum*) in Erfüllung gehen kann oder ob man gar auf eine Kultur der schwarzen Périgord-Edeltrüffeln *Tuber melanosporum* hoffen darf.

Die Hoffnungen sind seit dem Jahr 2002 gewachsen, als Jean-Marie Dumaine seine Funde von Burgundertrüffeln im Ahrtal groß herausbrachte und den Verein „Ahrtrüffel" gründete. Inzwischen hat sich daneben der Trüffelverband mit Sitz in Schallstadt bei Freiburg etabliert, dazu auch die Deutsche Trüffelschule des Pilzexperten Dieter Honstraß aus Salzgitter-Lebenstedt. Seit dem Jahr 2006 sind in Deutschland immer mehr Kulturflächen mit Trüffel-Bäumchen angelegt worden. Der Trüffelverband schätzte die Fläche Ende 2019 auf bis zu 150 Hektar. Das sind immerhin 1,5 Quadratkilometer, aber doch nur ein Hundertstel allein der Kulturflächen in Frankreich.

Nach wie vor sind die Kulturerfolge gering. In mehr als fünf bis zehn Jahre alten Trüffelgärten messen sich die Erträge allenfalls im einstelligen Kilobereich.

Kein Trost ist, dass die Produktion der schwarzen Trüffeln auch im Nachbarland Frankreich auf niedrigem Niveau stagniert oder zurückgeht. Dass Trüffeln keine domestizierten Kulturpflanzen wie Äpfel, Kartoffeln oder Rüben sind, wissen auch die trüffelbegeisterten Besucher der Tagung. Und so geht es im Hörsaal in Geisenheim und dem anschließenden Besuch einer jungen Trüffelkultur bei Alzey südlich von Mainz um die Chancen und die Optimierung der Kulturen: die Auswahl der geeigneten Böden und Baumarten, die Vorbereitung, Pflanzung und Pflege, den Schutz der Kulturen oder die Wasserversorgung.

Und dazu kommen nun die bedrohlich wachsenden Auswirkungen des Klimawandels. Prof. Claudia Kammann übermittelt eine zwiespältige Botschaft. Einerseits kann sie eindrücklich den gefährlichen Temperaturanstieg in Mitteleuropa belegen, andererseits berichtet sie, dass der erhöhte CO2-Ausstoß bei Trüffeln auch für einen direkten Düngeeffekt sorge. Dies gelte aber nur, wenn die Wasserversorgung der Pilze gut ist.

Ulf Büntgen, Professor für Umweltsystemanalyse in Cambridge, trägt neue Erkenntnisse zum Wasserbedarf der Trüffeln vor. Anhand der Niederschlagsmengen und der Erträge an Périgord-Trüffeln in Spanien, Frankreich und Italien in den Jahren 1970 bis 2018 zeigt sich, dass ergiebige Regenfälle in den Monaten Juni bis August zu guten Trüffelernten führen.[189] Herrscht in diesen Monaten Regenmangel, gibt es sechs Monate später in den Wintermonaten auch weniger Trüffeln zu finden. Büntgens weitere Vorausberechnungen mit Klima-Projektionen zeigen, dass zwischen 2071 und 2100 das Ende der Trüffelproduktion in Südeuropa droht, wenn die Trüffelkulturen nicht ausreichend mit Wasser versorgt werden.[190]

Das liegt für die Zuhörer im Hörsaal der Universität allzu weit in der Zukunft, doch Büntgen hat viele aktuelle Hinweise zu bieten. Er geht davon aus, dass die Erkenntnisse auch für die Sommertrüffeln gelten. Der Agrarbiologe Josef Valentin Herrmann bestätigt die Erkenntnisse aus Franken: „Es gibt ein schlechtes Trüffeljahr, wenn von Mai bis August wenig Regen fällt."

„Aufbau und Unterhaltung von Trüffel-Pflanzungen bleibt ein risikoreiches Unterfangen", warnt Büntgen. Auf jeden Fall sei es erforderlich, die üblichen Bewässerungsstrategien zu überprüfen. Dazu müsse die Zusammenarbeit der Trüffel-Anbauer und der Wissenschaft verbessert werden, um die Auswirkungen von Klimawandel und Bewässerung sowie den Lebenszyklus der Trüffeln und Mikroben im Boden endlich besser zu verstehen. Büntgen selbst hat in Cambridge systematische Untersuchungen begonnen. Im 170 Jahre alten Universitätsgarten mit seinen mehr als 8000 Pflanzenarten spürt er mit Trüffelhündin Lucy Sommertrüffeln auf, um ihren unterirdischen Lebenszyklus besser zu verstehen. Vergleichsversuche werden in der Schweiz, in Deutschland und Spanien unternommen. Der Wissenschaftler fordert: „Daten, Daten, Daten!" Wenige Aufzeichnungen und Messungen reichen für verlässliche Erkenntnisse nicht aus.

Als Steilvorlage nutzt ein Experte für Bewässerungssysteme die Vorträge der Wissenschaftler, um sein Mikrobewässerungssystem vorzustellen. Danach erläutert Trüffelforscher Ulrich Stobbe den Zuhörern „Was Sie schon immer über Trüffelsex wissen wollten" – die neuen Erkenntnisse über die Sexualität der Trüffeln. Ulrich Stobbe hatte ich schon im Herbst 2012 beim Sammeln von Sommertrüffeln bei Freiburg begleitet. Er gründete im Jahr 2007 zusammen mit Ludger Sproll die erste Trüffelbaumschule in Deutschland und ist der wissenschaftliche Beisitzer des Trüffelverbandes. Auch Stobbe empfiehlt das System der Trüffel-Nester. Er zeigt, wie man im Randbereich der Trüffelbäume die Löcher gräbt und mit einem Substratgemisch mit reifen Trüffelsporen füllt, damit die beiden „Mating"-Typen der Trüffeln zusammenkommen und die Paarung und Befruchtung funktionieren.[191]

Ob die verfeinerte Kulturtechnik und eine gezielte Bewässerung ausreichen, die nach wie vor viel zu optimistischen Erwartungen der Trüffelanbauer und die Versprechungen der Trüffelbaumverkäufer zu erfüllen, darf bezweifelt werden. Bei der Tagung in Geisenheim überwiegt jedenfalls die Zuversicht. 30 Kilogramm Ertrag pro Hektar im Schnitt wären schön, sagt Bernd Sproll, der stellvertretende Vorsitzende des Trüffelverbandes. Bettina Punin-Koberstein, die Trüffelkulturen in Frankreich und im Hegau in Süddeutschland besitzt, gibt zögernd zu, dass die Erträge in Deutschland sich noch im niedrigen Kilobereich bewegen. Und in der Zukunft? Sie hebt die Hand zu einer steilen Kurve nach oben: „80 Kilo!"

Ähnlich liest es sich auf den Internetseiten von Anbietern von Trüffelbäumen: Bei den Deutschen Trüffelbäumen, der Firma von Stobbe und Sproll, heißt es: „Ein Hektar gut fruchtende Trüffelpflanzung ergibt durchschnittlich etwa 20 kg bis 40 kg pro Jahr, wobei in guten Jahren auch wesentlich größere Mengen möglich sind."[192] Beim Unternehmen Leinebergland-Trüffel von Fabian Sievers in Hannover heißt es: „Auf einem Hektar Trüffelplantage können zwischen 30 – 80 (>100) kg Trüffeln / Jahr geerntet werden."[193] Noch viel mehr sind nach Meinung der Trüffelschule von Dieter Honstraß aus Salzgitter-Lebenstedt zu erwarten: „100 kg sollte ein Trüffelanbauer nach Überzeugung der Trüffelschule als Ziel in Deutschland anpeilen."[194]

Nach allen internationalen Vergleichen erscheinen mir solche generellen Erwartungen völlig unrealistisch. Doch auf der Trüffeltagung sind Zweifel nicht angebracht. Beim abendlichen Trüffeldinner des Verbandes zeigt dann der Koch des Rheingauer Weinguts Trenz, welche köstlichen Speisen sich mit guten und reifen Burgundertrrüffeln zubereiten lassen. Auf Kartoffelterrine mit Trüffel-Crème-fraîche folgt ein „Cremiger Spinat mit pochiertem Bio-Ei", dazu Kartoffel-Espuma und gehobelte Trüffeln und schließlich Rinderfilet auf Waldpilzrisotto mit einem Ochsenbacken-Trüffel-Jus und Madeiraschaum. Mayer hat die Trüffeln für das Dinner aus Italien kommen lassen. 25 Gramm pro Person hat der Koch verwendet – garantiert ohne Zusatz von künstlichem Trüffelöl.

Bei den Diskussionen der Tagungsteilnehmer geht es viel um die öffentlichen Förderungen für die Besitzer von Trüffelkulturen. Die Regelungen sind in jedem Bundesland unterschiedlich. Ein Landwirt aus dem Raum Nürnberg rechnet mit jährlich 1200 Euro pro Hektar, wenn er die Bäumchen auf eine Streuobstwiese pflanzt. Die Kosten für die Anlage einer Trüffelkultur sind erheblich, das Risiko ist groß. Ein Trüffelfan aus Mainz, dessen Trüffelgärten die Tagungsteilnehmer am nächsten Tag besuchen, hat für Grund und Boden, Trüffelbäume, einen Zaun und einen kleinen Schlepper zur Bodenbearbeitung rund 30 000 Euro pro Hektar ausgegeben. In den ersten Jahren wurden die Triebe seiner Bäumchen immer wieder von Rehen abgefressen, sodass er sich entschloss, die Kultur auch noch mit hohem Maschendraht zu schützen. „Nun habe ich nach fünf Jahren vor allem gute Haselnüsse", sagt er ironisch. Erfahrende Praktiker belehren ihn dann, dass der Verbiss nicht schade, weil sich das Wurzelwerk der Bäume eher besser entwickeln könne. Möglichst wenige Eingriffe in die natürliche Entwicklung der Truffieren empfiehlt der Forstexperte Christof Hilbert. Auch er ist sich des Erfolges nicht gewiss und trägt es mit Humor: „Wenn keine Trüffeln kommen, dann habe ich die teuersten Eichen von Baden-Württemberg."

Einige Wochen später lerne ich Dieter Honstraß aus Salzgitter-Lebenstedt kennen. Er ist ein bärtiger, etwas kauziger Niedersachse in den Siebzigern, der von seinen Bewunderern als Pilzguru oder Trüffelpapst bezeichnet wird. Honstraß hat als ebenso engagierter wie geschäftstüchtiger Experte die „Mobile Pilzschule" gegründet und danach die „Deutsche Trüffelschule" ins Leben gerufen. Interessenten können an Kursen teilnehmen, über das Internet Lehrfilme zur Trüffelzucht kaufen, sich beim Hundetraining beraten lassen und ein von Honstraß entwickeltes Diplom als Trüffelberater und Trüffelsachverständige erwerben. Mehrere Dutzend Trüffelfreunde führte Honstraß zu einer Forschungsgruppe zusammen, die sich mit allen Hypogäen beschäftigt, den unterirdisch wachsenden Pilzen einschließlich der Trüffeln.

Wir treffen uns zur Hypogäensuche in Göttingen, wo sich die Gruppe an einem Projekt der Hochschule für angewandte Wissenschaft und Kunst (HAWK) zur Erforschung der Hypogäenflora in Deutschland beteiligt. Bei der Vorbesprechung sitzen die Professoren Bettina Kietz und Martin Thren von der HAWK mit am Tisch. „Hier treffen Sie einige der besten Hypogäensucher Deutschlands", hat Honstraß mir angekündigt. Sabine Hörnicke von der „Trüffelakademie Natrüff" nahe Kerpen bei Köln ist mit Millie und Pepper unterwegs, zwei Terrier-Mix-

Hunden, die sie beim Tierschutz gefunden hat. Sie berät Trüffelanbauer. Anja Kolbe-Nelde hat gerade in Schönewerda im Kyffhäuserkreis das Unternehmen Thüringer Freilandpilze gegründet und eine Trüffelkultur angelegt. Sie züchtet auch Lagotto-Hunde.

Teils scheint das Interesse an den Hunden größer als das an den Pilzen. Die Besitzer des Labradors Nico gestehen, dass sie eher zufällig zum Thema Trüffel kamen. Sie wollten ihren Hund bespaßen, damit er sich nicht langweilt. Ganz intensiv dabei ist Gabi, eine ältere Trüffelfreundin aus dem Saarland mit Hündin Candy, einer zarten und kapriziösen Silken-Windsprite. Candy bekommt Mantel und Schal übergestreift, bevor es auf Schnupperkurs geht. „Frauen sind die besseren Hypogäen-Sucher", sagt Honstraß, während wir die Hunde beobachten, die ihre langen Leinen hinter sich durch Gras und Unterholz schleifen. Oft kniet Frauchen am Boden und kratzt an den Fundstellen, während Herrchen raucht und die gefundenen Pilze in Plastiktütchen packt, für die spätere Bestimmung am Mikroskop. Auch erbsengroße Knöllchen werden eingesammelt.

Der Forstwissenschaftler Prof. Martin Thren war früher Präsident der Hochschule und hat sich danach im argentinischen Patagonien mit Trüffeln befasst. Sein Hund soll trotz fortgeschrittenen Alters noch die Hypogäensuche lernen. Honstraß legt Trüffelstückchen aus und macht Hoffnung. Er selbst hat keinen Hund, aber eine gehörige Portion Selbstvertrauen – er brauche keinen Hund, sagt er, da er Trüffeln am Geruch erkenne. Prof. Thren versichert, dass die „Entnahmegenehmigung" für die Pilze aus dem Forstgarten vorliege. Später im Wald bei Dippoldshausen geht die Suche ohne spezielle Genehmigung weiter. Das Sammelverbot für Trüffeln ist ohnehin löchrig. Die Artenschutzverordnung verbietet lediglich, Pilze der Gattung *Tuber* in Besitz zu nehmen, also nicht die Hypogäen anderer Gattungen. Allein in Niedersachsen gibt es 70 trüffelartige Pilze, nur 17 davon gehören zur Gattung *Tuber*[195]. Wer also mit seinem Hund auf Hypogäensuche geht, bleibt im legalen Bereich, solange er keine Sommer- und Burgundertrüffeln oder andere Tuber-Arten einsammelt.

An essbaren Trüffeln scheinen die Mitglieder der Forschungsgruppe am wenigsten interessiert. Es geht vor allem um die Anzahl der gefundenen Hypogäen. Gabi kennt etwa 95 Arten, heute nimmt sie ein Dutzend Fundstücke mit. Auch Dieter Honstraß ist kein Trüffelesser. Pilze bedeuten ihm kulinarisch wenig: „Ich habe keine Zeit fürs Essen", sagt er. „Das ist bei mir wie mit dem Auto: vorfahren, tanken, wieder weg." Er hat es eilig, hält die Franzosen für „die Trüffelnieten weltweit" und will es besser machen. Auf seiner Website hat er sich das Ziel gesetzt „Deutschland zum ‚Trüffelweltmeister' zu machen. Unabsteigbar"!

Da ist er wieder, der Traum von der „Trüffelnation".

BILANZ: DER MYTHOS BLEIBT

Als bekennender Liebhaber der Périgord- und der Piemont-Trüffeln habe ich die faszinierende Welt der Trüffeln erkundet. Am Ende meiner Streifzüge und Recherchen sind neben den Edeltrüffeln auch bei mir andere Sorten wie Sommer- und Burgundertrüffeln im Ansehen gestiegen – nicht, dass sie zum Höchsten der Genüsse zählen, gleichwohl sind sie in ihrer Art reizvolle und delikate Sorten.

Die Mythen der Trüffeln haben sich stark gewandelt. Anfangs rankten sich alte Deutungen um die Knollen. Man versuchte, das Unerklärliche auf der Erde mit dem Reich der Götter zu verbinden. Die Mythen und Legenden der modernen Zeit sind profaner, sie beschreiben Menschen, Ereignisse und Sachen von symbolischer Bedeutung oder von großer öffentlicher Wirkung. „In der Öffentlichkeit hat die Trüffel einen großen Stellenwert", meinen die Forscher Byé und Chazoule, „aber sie ist mehr und mehr Image und weniger Produkt."[196] Paradoxerweise hat das Image der Trüffeln einen immer höheren Wert gewonnen, während die Produktion zurückging und nun erstmals wieder ansteigt. Immer neue Inszenierungen mit Bruderschaften und in Museen, zahllose Trüffelfeste, Lehrgänge, Bildbände und Internetseiten zeugen davon.

Fakten und Fake liegen im Marketing nah beieinander. Man kann die Legenden und Mythen kritisch prüfen, um herauszufinden, ob sie doch ein Quäntchen Wahrheit enthalten. Viele der am Handel mit Trüffeln und Trüffelprodukten Beteiligten sind an der Entmythisierung allerdings gar nicht interessiert. Mythen sind Geschichten, die man gerne glaubt, bei denen man bereitwillig das kritische Bewusstsein ausblendet. Und ehrlich – darf man nicht doch ein bisschen wünschen, dass die so himmlisch duftenden Knollen die Liebe fördern?

Trüffelbegeisterte Verbraucher sollten sich ganz praktisch vor allem um mehr Informationen über Trüffeln und Trüffelersatz-Produkte bemühen und auf eindeutige Bezeichnungen und klare Nennung der Aromastoffe bestehen. Ebenso sollten sich Laien, die als Trüffelzüchter auf wirtschaftlichen Erfolg setzen, über die bisherigen Erfahrungen und die höchst unsicheren Aussichten der Trüffelkultur genau informieren.

Aber man muss Trüffel-Bäumchen ja nicht nur wegen des möglichen Gewinns pflanzen. Sich mit der Natur zu beschäftigen, geduldig oder voll Spannung auf Erfolge zu warten und sich dann daran zu erfreuen, sind Grund genug. Zudem ist die nachhaltige Pflege der letzten natürlichen Lebensräume der Trüffeln in Deutschland wie in anderen Ländern ökologisch sinnvoll.

Und wann werden wir die letzten Geheimnisse der aromatischen Knollen mit der schwarzen Diamant-Schale und die Rätsel ihrer betörend duftenden weißen Schwestern geklärt haben? Die Wissenschaft kann Mythen zerstören, sagt der Trüffelexperte Pierre Sourzat. Nach jetzigem Stand ist es noch längst nicht so weit.

**CECCARELLI (1564):
DAS ERSTE BUCH ÜBER TRÜFFELN**

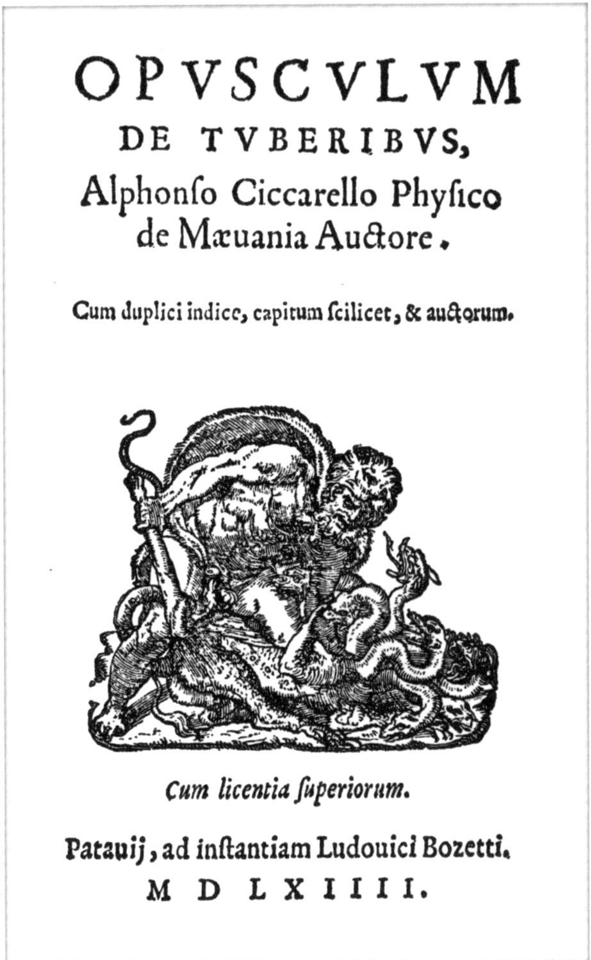

OPVSCVLVM
DE TVBERIBVS,
Alphonſo Ciccarello Phyſico
de Mæuania Auctore.

Cum duplici indice, capitum ſcilicet, & auctorum.

Cum licentia ſuperiorum.

Patauij, ad inſtantiam Ludouici Bozetti.
M D L X I I I I.

GRIMOD DE LA REYNIÈRE (1806): MEDITATION EINES FEINSCHMECKERS

FAKE UND FAKTEN

- Trüffeln sind nicht das teuerste Nahrungsmittel der Welt, wenn man Rekordpreise bei Werbe- und Wohltätigkeits-Auktionen außer Acht lässt. Weißer Kaviar ist teurer.
- Die Namen Périgord-Trüffel (*Tuber melanosporum*) und Alba- oder Piemont-Trüffel (*Tuber magnatum*) für die beiden edelsten Trüffelsorten sind keine kontrollierten Herkunftsbezeichnungen wie Schwarzwald-Forelle oder Nürnberger Lebkuchen.
- Die meisten schwarzen „Périgord-Trüffeln" kommen aus anderen Regionen Frankreichs und vor allem aus Spanien.
- Die meisten weißen „Alba-Trüffeln" stammen aus anderen Regionen Italiens sowie aus dem kroatischen Istrien und anderen Ländern des Balkans.
- Trüffeln sind kein Aphrodisiakum, weil sie keinen die Liebeslust fördernden Wirkstoff enthalten.
- Schweine und Hunde finden Trüffeln nicht, weil sie Androstenol riechen, den Sexuallockstoff des Ebers, sondern das Umweltgas Dimethylsulfid.
- Trüffeln werden fast überall mit Hunden gesucht, nur noch sehr selten mit Schweinen.
- Steht auf der Zutaten-Liste eines Trüffelprodukts lediglich „Natürliches Aroma", so ist der Aromastoff aus verschiedenen natürlichen Stoffen, aber nicht aus Trüffeln hergestellt.
- Steht nur „Aroma" als Zutat auf einem Etikett mit Produkten wie Trüffelöl, ist der Aromastoff synthetisch hergestellt und nicht natürlich.
- Es gibt keinen Beleg dafür, dass die Pharaonen in Ägypten Trüffeln gegessen haben. Trüffeln waren aber vor rund 4000 Jahren bei den Sumerern in Mesopotamien bekannt.
- Sumerer, Griechen und Römer kannten im Altertum unsere weißen und schwarzen Edeltrüffeln nicht, sie aßen sogenannte Wüstentrüffeln der Pilzgattung Terfezia.
- **DIE TRÜFFEL** (feminin) und im Plural **DIE TRÜFFELN** ist laut Duden die korrekte Schreibweise. Umgangssprachlich sagt man auch **DER TRÜFFEL** (maskulin) und dann im Plural **DIE TRÜFFEL** (ohne n).
- Trüffeln wurden nicht von den Nationalsozialisten unter Naturschutz gestellt. Erst 1986 kamen Pilze in Deutschland auf die Liste der geschützten Arten. Darunter ist die gesamte Trüffelgattung *Tuber*, nicht aber andere unterirdisch wachsende, trüffelähnliche Arten.

EPILOG: SECHS TRÜFFELN IM KÜHLSCHRANK

Da liegen sie in der Frischhaltebox, 200 Gramm schwarze Périgord-Trüffel aus Frankreich. Sechs Stück, die schwarzen, pyramidenförmigen Warzen glänzen sauber gebürstet. Der Duft zieht aus dem Kühlschrank durch die Küche. Jakob stoppt auf dem Weg zum Computer: „Trüffel! Wann gibt's die? Wie machst Du sie?"

Zwei werden mit sechs ganz frischen Eiern in ein großes Schraubglas gelegt, einen Tag sollen sie da ihren Duft verbreiten, bis die Eier das Aroma angenommen haben. Alle paar Stunden schaue ich nach, öffne das Glas, um die Kondenswassertröpfchen abzureiben und Frischluft hineinzulassen. Bildet sich etwa ein zarter weißer Schleier auf der Diamant-Schale? Schimmel, wie vor einem Jahr? Die Nase tief ins Glas gesteckt, doch alles ist in Ordnung. Der Duft in der Küche wird immer intensiver, bald „atmet" man Trüffeln im Hausflur.

Kochbücher werden gewälzt: diesmal mit Blumenkohl, mit Kohlrabi oder mit Jakobsmuscheln wie bei Alain Ducasse und Harald Wohlfahrt? Oder eine halbe Trüffel scheibchenweise in ein aufgeschnittenes Schweinefilet schieben und die andere Hälfte für die Sauce benutzen, also in kleine Julienne-Streifen schneiden, dann mit Madeira, Hühnerbrühe und dem Fond vom Anbraten des Filets kochen? Oder wie im Vorjahr die „Poularde in Halbtrauer"? Da ist schon die Zubereitung sinnlich: Man schiebt dem Huhn mit fett eingebutterten Fingern dünne Trüffelscheiben unter die Haut an Brust und Schenkeln und lässt sie dann einen Tag im Kühlschrank liegen. Karin empfiehlt: „Selbst gemachte Pasta mit Trüffeln und vielen guten Freunden, die man damit glücklich macht!"

Denn jedes Jahr ist das „Trüffelhochamt" ein besonderes Ereignis, ein Freundestreff für Genießer. Je nach Marktlage mit mehr oder weniger Kostbarkeiten, um die ganze Familie für mehrere Tage zum Schwelgen zu bringen. Soll ein alter Burgunder dazu oder die letzte Flasche 1971er Château Petrus aus dem Keller? Wir haben uns schon einmal an den kleinen schwarzen Knollen „in der Asche" begeistert: Sie werden geschält, mit Speck umwickelt und in Alufolie 20 Minuten im Backofen gegart, dann mit eiskalter Butter und einer Sauce aus Sherry, Brühe und den Resten der Schale serviert, wie von Küchenchef Walterspiel empfohlen. Andächtig entfaltet jeder sein Päckchen, wie schöne

Geschenke zu Weihnachten, und atmet tief den Duft ein. Dazu Champagner!

Doch diesmal soll der Genuss ganz elementar sein. Zum Sonntagsfrühstück das Omelett, genauer gesagt die Brouillade. Die Eier werden mit Sahne aufgeschlagen, stehen dann einige Stunden mit klein geschnittenen Trüffelstückchen, werden anschließend mit Salz und Pfeffer gewürzt und stocken dann langsam im Wasserbad. Abends gibt es Trüffel-Luxus auf Brot à la Babeth Pébeyre: Trüffelscheiben auf gebutterte Schnitten Bauernbrot legen, in Folie einwickeln und einige Stunden im Kühlschrank liegen lassen und dann zehn Minuten im heißen Backofen rösten. Etwas Salz darüber, ein purer ländlicher Genuss. Die ganze Wohnung ist auch bei geschlossener Backofentür von würzigem Aroma erfüllt. Und danach gibt es Trüffelkartoffelbrei, die Kartoffeln gleich mit Trüffelstückchen in Milch gekocht und dazu aus Frankreich mitgebrachte Trüffelwürste. Die Rosette-Wurst füllt die ganze Pfanne, die Esser strahlen.

Wir schwelgen und sind uns einig: himmlisches Genießen. Irgendwie sind wir den schwarzen Diamanten und dem weißen Gold der Magnaten doch verfallen.

GOUFFÉ, LE LIVRE DE CUISINE 1867:
LACHS AUF CHAMBORD-ART

FUSSNOTEN

1 Dumas, A. (1873): Grand dictionnaire de cuisine. Paris. S. 1035
2 Rössel, J. & Beckert J. (2012): Quality Classifications in Competition. Max-Planck-Institut für Gesellschaftsforschung. MPIfG Discussion Paper 12/3
3 Auf Youtube: https://www.youtube.com/watch?v=dZ-qgUXxTBk
4 Reyna, S. (2007): Truficultura Fundamentos y técnicas. Madrid
5 Andueza, G., Morcillo, M., Sanchez, M., Vilanova, X. (2015): Truffle Farming Today, a comprehensive World Guide. https://www.researchgate.net/publication/289508716_Truffles_Flies_and_Beatles_-_Suillia_and_Leiodes)
6 Diario de Teruel, 6.3.2020 und 20.3.2020
7 https://rnm.franceagrimer.fr/prix
8 Michel Tournayre, Präsident der Féderation française des Trufficulteurs, persönliche Mitteilung
9 Fuckel, L. (1869): Symbolae mycologicae. Beiträge zur Kenntnis der rheinischen Pilze. S. 247
10 Flammer, R. et al. (2013): Trüffeln. Eching; Hall. I. et al. (2007): Taming the truffle. Portland
11 Quellen: Reyna S. (2014): Black truffle cultivation: a global reality. Forest systems 23 (2): 317-328; dazu persönliche Mitteilung S. Reyna mit Aktualisierung; Büntgen U. et al (2019 a): Black truffle winter production depends on Mediterranean summer precipitation. Environmental Research Letters 14; Fédération française de Trufficulture, persönliche Mitteilungen; Brun, F., Mosso, A. (2010): Studio delle filiere die prodotti trasformati a base di tartufo in Piemonte. Grugliasco; Centro Nazionale Studi del Tartufo, Alba. https://www.tuber.it/en/stock-market/ 15.2.2020; Dr. Enrico Vidale, Campus Agripolis Universität Padua, persönliche Mitteilung; Julio Perales, Asociacion de Truficultores de Teruel (Diario de Teruel, 6.3.2020)
12 Fischer, V. F. S. (1814): Anleitung zur Trüffeljagd oder Trüffelsuche. Unveränderter Neudruck. Karlsruhe.
13 Noulet, J.-B. (1838): Traité des champignons comestibles, suspects et vénéneux, qui croissent dans le bassin sous-pyrénéen. Toulouse & Paris.
14 Trappe, J. M. et al. (2007): Keys to the genera of truffles (Ascomycetes). http://www.natruffling.org/ascokey.htm.
15 Trappe, J. M. (1992): Use of truffles and false-truffles around the world. In: Bencivenga & Granetti 1992: Congresso internazionale sul tartufo, Spoleto 1988, S. 19–30.
16 Leick, G. et al. (2007): The Babylonian world. London Taylor & Francis e-Library, 2010. S. 46.
17 Shavid, E. (2008): Truffles roasting in the evening fires. Pages from the history of desert truffles. Fungi magazin. Volume 1:3, Special issue truffles 2008, S. 21.
18 Black, J. et al. (2007): The Electronic Text Corpus of Sumerian Literature (ETCSL). Faculty of University of Oxford. (http://etcsl.orinst.ox.ac.uk/cgi-bin/etcsl.cgi?text=t.1.7.1#, 9. 12. 2019)
19 Persönliche Mitteilung.
20 vgl. Shavid.
21 Trappe (1992), S. 20.
22 Zitiert nach Nees von Esenbeck (1816): Das System der Pilze und Schwämme. Würzburg S. xxi.
23 Zitiert nach der Übersetzung von K. Sprengel, 1822, Nachdruck Darmstadt 1971. Erstes Buch, 6. Kapitel., S. 24–26.
24 Zitiert nach der deutschen Übersetzung von J. Berends. Stuttgart 1902. S. 231.
25 Zitiert nach der deutschen Übersetzung von C. G. Wittstein, Leipzig 1881. S. 432–433.
26 Plutarch (1793): Plutarchs moralische Abhandlungen, aus dem Griechischen übersetzt von J. F. S. Kaltwasser. Frankfurt. Tischreden. 4. Buch, S. 468–478.
27 Kühn, Carolus Gottlob (1823): Claudii Galeni opera omnia. Lipsiae. S. 655. https://archive.org/details/b29339339_0006/page/654/mode/2up.
28 Ambrosius (Mediolanensis), Desiderius Erasmus (1549): Opera omnia. Tom 3. S. xlixhttp://books.google.de/books?ei=LcysT9f_E8_AtAalw8nDDA&hl=de&id=glFJAAAAcAAJ&dq=Misisti+mihi+tubera+et+quidem+mirae+magnitudinis&ots=Tf5v4JTTOi&q=tubera#v=snippet&q=tubera&f=false, Abruf 12. 5. 2012.
29 Rossi, Sergio (2011): Truffles. Sagep editori. Seite 26–29.
30 Zitiert nach Nees von Esenbeck, S. xiv.

31 Bock, H. (1546): Kreuter-Buch. 3. Teil, Blatt 2 (Zitate leicht der heutigen Schreibweise angepasst).
32 Picuti, A. et al. (1999): Alfonso Ceccarelli, sui tartufi. Perugia. S. XI.
33 Kluge, Etymologisches Wörterbuch.
34 Flandrin, J.-L.(1992): Sur quatre recettes de tartoufles. In: Chronique de Platine. Paris. S. 204–211.
35 Willebrads, M. & al. (2006): Traktaat van de kampernoeljes. Hilversum. S. 58. Magirus hieß eigentlich Peter Scholier.
36 Rittersma, R. (2010 a): In vino veritas, in tuberi fraus – Essai sur la sémantique historique du vin et de la truffe. In: Petit propos culinaires 89. London. S. 84–91.
37 Brückmann, F. (1726): Von den Hungarischen Hirsch-Schwämmen oder Trüffeln. Breslau
38 Heine, H. (1970 ff): Briefe. Weimarer Säkularausgabe. Universität Trier. Das Heinrich-Heine Portal. http://urts55.uni-trier.de:8080/Projekte/HHP/briefe/01briefevon/adressat/A/getletter?letterid=W20B0219. Abruf 8. 8. 2012.
39 Rosen, R. (1995): Plato Comicus and the Evolution of Greek Comedy. Atlanta, S.13 Postprint version. In: Beyond Aristophanes: Transition and Diversity in Greek Comedy. http://repository.upenn.edu/classics_papers/6 und Vössing, Konrad (2004): Mensa Regia. Das Bankett beim hellenistischen König und beim Römischen Kaiser. München/Leipzig, S. 17: Das Deipnon, das ausschließlich über Athenaios-Zitate bekannt ist (Poetae melici Graeci 836, p. 433–441).
40 Lesky, A. (1963): Geschichte der griechischen Literatur. 2. Auflage, S. 460.
41 Athénee (1789): Banquet dês Savans, Traduit par Lefebvre de Villebrune. Paris. 1. Buch.
42 Pirrotta, S. (2009): Plato comicus. Berlin, 354f. (pers. Mitteilung Prof. Heinz-Günther Nesselrath).
43 Andrew Dalby, persönliche Mitteilung.
44 Joubert, L. (1586): Erreurs populaires et propos vulgaires touchant la medecine et le regime de santé. 2. Teil, Kapitel 21, S. 140 und Joubert, L. (1995): The second part of the popular errors. Translated and annoted by Gregory David de Rocher. Tuscaloosa. S. 110–114.
45 Lémery, Nicolas (1698): Histoire universel des drogues simples. Paris, S. 766.
46 Zedler (1732ff): Großes vollständiges Universal Lexicon aller Wissenschaften und Künste. Halle & Leipzig. Band 4, 494.
47 Hensel, Gunnar: „Apothekerpilze" oder „Tractaat über die wundersame Würckung derer fungi sambuci et cervini". (www.trueffel-pilze.de, 26. 4. 2012).
48 Zitiert nach Hensel.
49 Brückmann. F. (1721): Von den Tuberibus subterraneus. Leipzig
50 Scheuchzer, Johann Jakob (1731): Kupfer-Bibel/Physica sacra. S.108.
51 Paulet, J. (1790): Traité des champignons. Paris. S. 35 und 509.
52 Brantôme (1666): Les sept discours touchant des dames galantes. Übersetzung nach Paczensky, Gert v. & Anna Dünnebier (1994): Leere Töpfe, volle Töpfe. Die Kulturgeschichte des Essens und Trinkens. München, 1994. S. 302.
53 Pennier de Longchamp, P. (1766): Dissertation physico-medicale, sur les truffes et sur les champignons, Avignon. S. 31.
54 Tulasne, Louis-René & Charles: Fungi hypogaei, Paris 1851. S. 154.
55 Callot, Gabriel (1999): La truffe, la terre, la vie. Paris. S. 41.
56 Habs, Robert & L. Rosner (1894): Appetit-Lexikon. Wien. S. 558.
57 Claus, R, Hoppen, H. O. & Karg, H. (1981): The secret of truffles: a steroidal pheromone? Experientia 37, S. 1178–1179.
58 Talou, T. et al. (1994): Dimethyl-sulphide: the secret for black truffle hunting by animals? Mycological research, Band 94 (2), S. 277–278.
59 Casanova J. (2006): The memoirs of Casanova. London edition 1894. Projekt Gutenberg
60 Zitiert nach Nees von Esenbeck: Das System der Pilze und Schwämme, 1816. S. 160.
61 Persoon, C. (1818): Traité sur les champignons comestibles. Paris. S. 264.
62 Keyßler, J. (1740): Neueste Reise durch Teutschland, Böhmen, Ungarn, die Schweiz, Italien und Lothringen. Hannover
63 Beckmann, J. (1796): Vorbereitung zur Waarenkunde. Zweiten Bandes erstes Stück. Göttingen. S. 60.
64 Vigo, G. (1776): Tubera terrae. Taurini.

65 Mashayekhi, P. (2005): Eine massensensitive Elektronische Nase zur Erkennung, Unterscheidung und Qualitätskontrolle von Safran und Trüffel. Dissertation, Bonn http://hss.ulb.uni-bonn.de/2005/0506/0506.htm. Auch Trüffelhändler Pébeyre in Cahors hat ein Trüffelsuchgerät bis zur Patentreife entwickelt.
66 Porta, G. (1591): Phytognomonica. Francoforti. S.367.
67 Robinson, T. (1693): An account of the Tubera Terrae, or Truffles found at Rushton in Northamptonshire. In: Royal Society, Philosophical transactions. London. Vol 17. S.824–826.
68 Rittersma, R. (2010 b): Subterranean fieldwork: Marsili's field survey on the biogeography and ecobiology of truffles in eighteen century North and Central Italy. In: Scientists and scholars in the field. (Ed. C. Ries, M. Harbsmeier, K. H. Nielsen) Aarhus. S.77–100
69 Zitiert nach Nees von Esenbeck, S.xxiv-xxv
70 Bulliard, P. (1791): Histoire des champignons de la France, Paris. Band 1, S.59
71 Turpin, P. (1827). Observations microscopiques sur l'organisation tissulaire, l'accroissement et le mode de reproduction de la truffe comestible. Paris.
72 Picco, V. (1788): Melethemata inauguralia. Augustae Taurinorum. S.79
73 Chatin, A. (1892): La Truffe. Paris
74 Frank, A. (1885): Über den gegenwärtigen Stand der Trüffelfrage. Garten-Zeitung. Berlin. S. 423–426:.
75 Trappe, J. (2005): A.B. Frank and mycorrhizae: The challenge to evolutionary and ecologic theory. Mycorrhiza. DOI: 10.1007/s00572-004-0330-5
76 Martin, F. et al. (2010): Périgord black truffle genome uncovers evolutionary origins and mechanisms of symbiosis. Nature DOI 10.1038/nature08867.
77 Rubini, A. et al (2011): Isolation and characterization of MAT genes in the symbiotic ascomycete Tuber melanosporum. New Phytologist. 189 (3)
78 Splivallo, R., Culleré, L. (2016): The Smell of Truffles. In: Zambonelli A. et al. True Truffle in the World.
79 Martial. Epigramme, Buch 13, 50.
80 Juvenal, Saturae V, 116–119.
81 Zitiert nach Diderot, Denis et al. (1751 ff): Encyclopédie. http://fr.wikisource.org/wiki/Page:Diderot_-_Encyclopedie_1ere_edition_tome_11.djvu/966.
82 Darüber berichtet der Philosoph Seneca in De consolatione ad Helviam 10, 8–9
83 Alle Apicius Rezepte nach der ersten deutschen Übersetzung von R. Gollmer (1909).
84 Tanet, C. (2006): La truffe. Histoire usages, recettes anciens. Paris. S.31.
85 Bauer, G. (1987): In Teufels Küche. In: Bitsch, Irmgard et al: Essen und Trinken in Mittelalter und Neuzeit. S.127.
86 Ambrosius A.a.O.
87 Lemke, H. (2007): Ethik des Essens. Eine Einführung in die Gastrosophie. Berlin.
88 Rittersma, R. (2010 c): Nördlich des Trüffeläquators. Humboldt-Kosmos (http://www.humboldt-foundation.de/web/kosmos-deutschland-im-blick-95-1.html).
89 Zitiert nach Rittersma (2010 c) und Hensel.
90 Bulletin de la Société Archéologique du Périgord, zitiert nach Rebiere, Jean (1981): La truffe du Périgord, Périgueux. S.17.
91 Duc-Maugé, B. et al. (1987): Le livre de la truffe. Aix-en-Provence. S.106.
92 Duc-Maugé S.110 und 120.
93 Boudet, J.-P. (1997): Eustache Déchamps et son temps. Paris.
94 Übersetzt nach Duc-Maugé und Duplessy. S.107.
95 Terence Scully, professor emeritus Department of Languages and Literatures at Wilfrid Laurier University, Toronto. Persönliche Mitteilung.
96 Platina (1499): De honesta voluptate. Libr. IX, cap. XXIX, De tuberibus. (http://gallica.bnf.fr/ark:/12148/bpt6k58518c).
97 García Rollan, M. (2003): Los hongos en textos anteriores a 1700. Band 2 (2006).
98 Flandrin, J.-L. (1992): Chronique de Platine. Paris S.150.
99 Chatin (1869) S.8.; Duc-Maugé S.132
100 Reyna, S. (2007). Truficultura. Madrid. S. 34
101 Revel, Raymond-Jean (1979). Erlesene Mahlzeiten, Mitteilungen aus der Geschichte der Kochkunst. Frankfurt. S.94ff.

102 Scappi (2008): The opera of Bartolomeo Scappi (1570). Translated with commentary by Terence Scully. Toronto.
103 Faksimile der Rezepte: http://fr.wikipedia.org/wiki/Fichier:Lancelot_de_Casteau-recettes_pdt.jpg, Abruf 20. 5. 2012.
104 Flandrin, J.-L. & Hyman Ph. et M. (1983): Le cuisinier françois. Paris. S. 75.
105 Duc-Maugé & Duplessy S. 138.
106 Rittersma, R. (2011): A culinary captatio benevolentiae. The use of the truffle as a promotional gift by the Savoy dynasty in the 18 th century', in D. de Vooght (Hrsg.), Royal taste: food, power and status at the European courts after 1789. Farnham/Burlington S. 48.
107 Rittersma, R. (2010 d): „Ces pitoyables truffes d'Italie". Die französisch-italienische Rivalität auf dem europäischen Trüffelmarkt seit 1700, oder: Wie Gastrochauvinismus entsteht. In: Österreichische Zeitschrift für Geschichtswissenschaften. 21. Jg. Band 2, Nationalisierende Produktkommunikation. S. 81–104.
108 Meyzie, P. (2006): Les cadeaux alimentaires dans le Sud-Ouest aquitaine au XVIII siècle. In: Histoire, économie et société, 25. Jahrgang, S. 33–50 http://www.persee.fr/web/revues/home/prescript/article/hes_0752-5702_2006_num_25_1_2579.
109 Moynier (1836): De la truffe. Paris. S. 57.
110 Moynier, S. 106.
111 Biographische Angaben nach Associazione Centro Studi di Letteratura, Storia, Arte e Cultura „Beppe Fenoglio". www.centrostudibeppefenoglio.it
112 www.lastampa.it/cuneo/2017/08/06/news/alba-dara-un-tartufo-al-papa-delegazione-attesa-in-vaticano-1.34432248
113 Rossi, S. (2011): Truffles. The divine earth. S. 111.
114 Purkayastha, I. (2017): Truffle Boy. New York. S. 201
115 https://www.telegraph.co.uk/news/1478520/Truffle-trouble-loses-chef-28000.html
116 https://www.repubblica.it/2004/l/sezioni/cronaca/tartu/tartu/tartu.html
117 Sella M. (1932): Il tartufo bianco in Istria. Nuovo giornale botanico italiano. Firenze. S.155-164
118 Gaastra D. (2016): Ein Schloss am Meer. Das Gästebuch der Familie Hütterott. Leipzig.
119 Zigante G. (2018): Our Istrian truffles. Buje
120 Flandrin, J.-L. et al. (1996): Histoire de l'alimentation. Paris. S. 683 ff.
121 Merlhiac, G. (1855): Essay historique sur la truffe. In: Chroniquer du Périgord, Band 3. Zitiert nach Bosredon, A. (1887): Manuel du trufficulteur. Périgueux. S. 198.
122 Monselet, Charles (1864). Les originaux du siècle dernier: les oubliés et les dédaignés. Paris. S. 317–396.
123 Vazquez de Espinosa, A. (vor 1630): Compendio y Descripcion de las Indias Occidentales, Manuskript. Zitiert nach Rollàn S. 407.
124 Anonym (1838): Die Trüffel, deren Naturgeschichte, Fortpflanzung und Zucht nach den Regeln der Gartenkunst und in Beziehung auf Benutzung für die Zwecke der feinern Kochkunst. Eine Gabe für Feinschmecker. Weimar. Online: http://ora-web.swkk.de/digimo_online/digimo.entry?source=digimo.Digitalisat_anzeigen&a_id=13895.
125 Siebert, E. (ca.1904): Pilze und Pilzgerichte. Leipzig.
126 Hertkorn, Joseph (1915): Die Pilze als Volksnahrungsmittel. Rastatt.
127 Durand, Roland (1989): Les meilleures recettes de champignons. Paris. S. 64.
128 Adrià, F. et al (2003): elBulli 1998–2002. S. 91.
129 Ducasse, A. (2001): Grand livre de Cuisine. Paris.
130 Bradley, R. (1726): New improvements of planting and gardening. Appendix. Containing (...) the method of raising the truffles, morille, and mushroom. London: S. 568-588. Französisch (1756): Nouvelles observations physiques et pratiques sur le jardinage et l'art de planter. Paris, tome 3: S. 289-293)
131 Keyßler, J.(1740): Neueste Reise durch Teutschland, Böhmen, Ungarn, die Schweiz, Italien und Lothringen. Band 1. S. 333
132 Justi, J. (1760): Oeconomische Schriften über die wichtigsten Gegenstände der Stadt- und Landwirtschaft. Berlin und Leipzig. Erster Band. S. 210-216
133 Chatin, A. (1892): La truffe. Paris
134 Mirbel, C., Jolyclerc N. (1806) Histoire naturelle, générale et particulière des plantes. Tome troisième. Paris. 37-38

135 Fischer, V. (1812): Anleitung zur Trüffeljagd oder Trüffelsuche. Karlsruhe
136 Martin, A. (1828): Manuel de l'Amateur des truffes. Paris
137 Dereix de Laplane, T. (2010): Des truffes sauvages aux truffes cultivées en Loudunais. Memoirers Ac. Sciences de Touraine. 23. S. 214-241
138 Delastre (1835): Aperçu statistique de la végétation du département de la Vienne; Planchon, L.: La truffe et les Truffieres artificielles. Extrait de la Revue des deux Mondes 1875. S. 17.; De La Tourette, L. (1868): Culture de la truffe à Loudon et à Richelieu. Annales de la Société d'agriculture du département d'Indre-et-Loire 47, 1868
139 Bruni, F. (1891); Tartufi e funghi. Roma. S.39.
140 In: Callot, G. (1999): La truffe, la terre, la vie. Paris. S. 23–35.
141 Manna, D. (2013): Il tartufo nero di Norcia o di Spoleto. Perugia. S. 74-75
142 Chazoule, C. (2004): L'histoire inachevée de la domestication Truffiere. Ruralia 15. S. 11 (www.ruralia.revues.org/1029#text).
143 Chevalier, G. et al. (1997): La Truffe de Bourgogne. Levallois-Perret. S. 190.
144 Borchers (1856): Über Trüffel-Anbau. Verhandlungen des Vereins zur Beförderung des Gartenbaus in den Königlich preußischen Staaten 4. S. 194-200
145 Vill, G. (1926): Unterirdische Pilze in der Pfalz. Pollichia 1925/26, Neue Folge Band II. S. 126–127.
146 Hesse, R. (1891–1894): Die Hypogaeen Deutschlands. Halle, S. 81.
147 Volbracht, C. (2013): Tuber melanosporum, die Périgord-Trüffel, in Norddeutschland. Zeitschrift für Mykologie 79 (2). S. 489-495
148 Cocina, L. et al. (2013): A review of nurseries producing mycorrhizal plants in Spain and the world. Conference Paper. 1st International Congress of Trufficulture, Teruel
149 Kremser, W.r (1977): Von niedersächsischen Trüffelwäldern und Trüffeljägern. In: Rotenburger Schriften. Heft 47. S. 106–164. Zitat auf S. 158.
150 Bail (1881): Ueber Tuber aestivum und mesentericum, wie über falsche Trüffeln. Botanisches Centralblatt 6. S. 135-136
151 Caspary, R. (1887): Keine Trüffeln bei Ostrometzko. Schriften der Königlichen Physikalisch-Ökonomischen Gesellschaft zu Königsberg. 27. S. 109-112
152 Greschik, V. (1898): Von Trüffeln der Hohen Tatra. Jahrbuch des ungarischen Karpatenvereins 25. S.100-109
153 Brückmann, F. (1725): Von den Hungarischen Hirsch-Schwämmen oder Trüffeln im Liptauer und Zipser Comitat. Sammlung von Natur- und Medicin-Geschichten. 31. S283-285
154 Corriere della Serra 28.2.1998
155 Corriere delle Serra 26.3.2001
156 Zambonelli A. et al. (2016): True Truffle (Tuber spp.) in the World. Soil Biology 47. Springer
157 Flammer, R. & T. Flammer (2008): Trüffelanalyse für Lebensmittelexperten, S. 28.
158 Die Wissenschaftlerin Parham Mashayekhi ermittelte, dass sich das Aroma der weißen Edeltrüffel bei der Lagerung mehr und mehr dem Aroma der schwarzen Trüffel annähert. Der Anteil des flüchtigen Trüffel-Sulfids Bis(methylthio)methan verringerte sich bei 25 Grad Celsius in vier bis fünf Tagen. Gleichzeitig wuchs der Anteil des flüchtigen Dimethylsulfids stark an, das für die schwarze Edeltrüffel so typisch ist. Mashayekhi a.a.O.
159 Wernig F., Buegger F., Pritsch K. & Splivallo R. (2017). Composition and authentication of commercial and home-made white truffle-flavored oils, Food Control (2018), doi: 10.1016/j.foodcont.2017.11.045. http://www.sciencedirect.com/science/article/pii/S0956713517305789
160 Persönliche Mitteilung
161 http://www.salute.gov.it/portale/news/p3_2_1_2_1.jsp?lingua=italiano&menu=notizie&p=nas&id=219
162 Hesse, S. 46, Anm. 2.
163 https://www.gazzettadalba.it/2019/11/sventato-avvelenamento-di-cani-da-tartufi-ad-agliano-terme/
164 https://www.piemontetartufi.it/cane-avvelenato-andando-a-tartufi-i-consigli-del-veterinario/
165 Malortie, C. E. (1847): Der hannoversche Hof unter dem Kurfürsten Ernst August und der Kurfürstin Sophie. Hannover. S. 115
166 Rittersma, R. (2019): Trüffelfieber an hessischen und nassauischen Höfen. Archivnachrichten aus Hessen 19/1
167 Reisedaten Pfaffs und des Erbprinzen nach Allgemeine Deutsche Biographie. Pfaff. S. 587

168 Keyßler, J. G. (1740): Neueste Reise durch Teutschland, Böhmen, Ungarn, die Schweiz, Italien und Lothringen. Hannover. S. 333

169 Kanold, Johann (1721): Sammlung von Natur- und Medicin- wie auch hierzu gehörigen Kunst- und Literaturgeschichten. Leipzig und Budißin. S. 600–602.

170 Brückmann, Franz Ernst (1720): Specimen botanicum exhibens fungos subterraneos vulgo tubera terrae dictos/ Extract eines Schreibens von den Knollichten Gewächs, welches die Italiener, wie ich es aus einem an mich abgelassen Brieffe verstehe, Truffel nennen. Helmstedt.

171 Forst- und Jagdbibliothek (1789): Stuttgart. 3. Stück, S. 148, zitiert nach Kremser, S. 117.

172 Fischer S. 33.

173 http://www.zeno.org/Literatur/M/Goethe,+Johann+Wolfgang/Briefe/1820.

174 Trattinnick, Leopold (1809): Die eßbaren Schwämme des Oesterreichischen Kaiserstaates. Wien. S. 9.

175 Rittersma, Rengenier C. (2010 e): Die verspätete Trüffelnation. In: Dumaine, Jean-Marie & Wojtko, Nikolai (2010): Trüffeln, die heimischen Exoten. Aarau und München. S. 44–49.

176 Krombholz, Julius Vincenz (1821): Uibersicht der eßbaren Schwämme, welche im Verlaufe des Jahres 1820 in Prag zu Markte gebracht wurden. S. 33.

177 Röse, A. (1874): Dr. Harald O. Lenz' nützliche, schädliche und verdächtige Schwämme. Fünfte Auflage. Gotha. S. 197–198.

178 Creydt, Detlef (2002): Trüffeljagd im Kreis Holzminden. In Jahrbuch für den Landkreis Holzminden. Band 20. S. 31–40.

179 Eine Kopie des Kontobuches stellte mir der Heimatpfleger von Everode, Bernward Kloth, freundlich zur Verfügung.

180 Creydt, Detlef (1988): Trüffeljagd. In Heimatliche Skizzen aus dem Solling. Dasseler Schriftreihe Heft 4. S. 89–95.

181 Göttingische gelehrte Anzeigen (1828): Der erste Band auf das Jahr 1828. Göttingen. S. 241–248.

182 Bornholz, Alexander von (1842): Die Cultur der Champignons, Morcheln und Trüffeln. Quedlinburg und Leipzig.

183 Mayssonnier, Jean-Jacques (2010): Les hommes de la truffe couraient le monde. 1860–1995. Souillac.

184 Online über: http://alex.onb.ac.at/.

185 Thomas Zeller, Professor für Geschichte Universität Maryland, Herausgeber des Sammelbandes How green were the Nazis (2005), persönliche Mitteilung. Prof. Dr. Michael Wettengel (Ulm), persönliche Mitteilung.

186 Michael Müller-Boge, Bundesamt für Naturschutz, persönliche Mitteilung.

187 Groß, Gerhard (1975): Die Sommertrüffel (Tuber aestivum Vitt.) und ihre Verwandten im mittleren Europa. Zeitschrift für Pilzkunde, Band 41 (1–2). S. 5–18 und 143–154.

188 Dumaine, Jean Marie & Nikolai Wojtko (2010): Trüffeln, die heimischen Exoten. Aarau und München.

189 Büntgen U. et al (2019 a): Black truffle winter production depends on Mediterranean summer precipitation. Environmental Research Letters 14

190 Thomas, A., Büntgen U. (2019 b): A risk assessment of Europe's black truffle sector under predicted climate change. Science of The Total Environment 655, 27-34

191 Murat, C. et al. (2016): Trapping truffle production in holes: a promising technique for improving production and unravelling truffle life cycle. Italian Journal of Mycology 45: 47-52. Murat zitiert als historisches Vorbild den französischen Naturforscher Georges-Louis Leclerc de Buffon und nennt als Quelle die Histoire naturelle von 1749, irrt sich aber bei Autor und Jahreszahl. Die zitierte Textstelle stammt aus der Ausgabe 1806 des Werkes, besorgt von Mirbel und Jolyclerc, der als Ergänzung der Histoire naturelle den Band Kryptogamen und Pilze bearbeitet hat. Buffon selbst war bei seinen Versuchen nach Angaben von A. Chatin erfolglos.

192 https://deutsche-trueffelbaeume.de/frage/wie-viele-trueffel-kann-ich-pro-trueffelbaum-ernten/ 19.10.2019

193 https://leinebergland-trueffel.de/trueffelanbau/#Wirtschaftlichkeit 19. 10. 2019

194 http://trüffelschule.de/trüffelanbauberater/ 19. 10.2019

195 Höfert, M. (2016): Die Trüffeln in Niedersachsen und Bremen. Beiträge zur Naturkunde Niedersachsens 69 (4)

196 Byé, Pascal & Chazoule, Carole (1998): Production, protexion et profession Truffieres. Cahiers d'économie et sociologie rurales, No 46–47.

ÜBER DEN AUTOR

Christian Volbracht hat seine ersten Trüffeln vor vielen Jahren in Frankreich gefunden, bevor er später von Hamburg nach Paris zog und dort zehn Jahre lang das Büro der Deutschen Presse-Agentur dpa leitete. Geboren in Derneburg in Niedersachsen, wo im Schlosspark die Mäandertrüffel zu finden ist, hat er sich das Thema Trüffeln als Journalist, Gourmet und Amateurmykologe, vor allem aber als Büchersammler erschlossen. In 40 Jahren baute er eine bedeutende Privatbibliothek mit alten Pilz- und Trüffelbüchern auf – wofür man wie das Trüffelschwein eine gewisse Versessenheit, eine gute Nase und ein bisschen Glück braucht. Im Selbstverlag publizierte er seine Bibliographie „MykoLibri. Die Bibliothek der Pilzbücher", inzwischen das Standardwerk über ältere Pilzliteratur. Dazu bietet er in seinem Antiquariatsbuchhandel MykoLibri (www.mykolibri.de) alte Pilz- und Trüffelbücher an. Nach vielen Jahren als Leitender Redakteur und Gastronomie-Experte der dpa schreibt Christian Volbracht heute auch als Autor für das Weinmagazin „Fine" im Tre Torri Verlag und kocht begeistert für seine Familie und seine Freunde – mit und ohne Trüffeln.

DANKSAGUNG

Viele kundige Trüffelfreunde haben zu diesem Buch beigetragen. An erster Stelle danke ich Pierre-Jean Pébeyre, der mich zu den Trüffelmärkten des Südens mitnahm, mir unermüdlich Auskunft gab und dessen Frau Babeth so köstliche Trüffelspeisen bereitet. Gérard Chevalier, Pierre Sourzat und Michel Tournayre erklärten mir in Frankreich die Sicht der Trüffelzüchter. In Deutschland beeindruckte mich der Enthusiasmus von Jean-Marie Dumaine. Ich profitierte von den Erfahrungen des inzwischen verstorbenen Trüffelhändlers und Büchersammlers Joachim Schliemann und den Erinnerungen von Jean-Jacques Mayssonnier sowie von Ralf Bos, dessen spanischer Partner Hans Harms mich zum Trüffelanbauer Victor Vellve führte. Über Christian Breitschädel lernte ich Darko Muzica in Istrien kennen. Besonders zu Dank verpflichtet bin ich dem „trüffelinfizierten" Historiker Rengenier C. Rittersma, der mir bereitwillig seine Forschungsergebnisse und Quellen zur Verfügung stellte. Erste Leserin war meine Frau Karin Zintz-Volbracht, die mit vielen Hinweisen zu diesem Projekt beigetragen hat und mit guter Nase und feinem Gaumen eine begeisterte Trüffelliebhaberin und eine großartige Trüffelverkosterin ist. Auch mein Sohn Jakob, seit früher Kindheit ein Trüffelfan, war ein aufmerksamer Korrektor.

NÜTZLICHE TRÜFFEL-INFORMATIONEN

Vereinigung der Trüffelzüchter von Teruel in Spanien:
https://trufadeteruel.com/en/
Webseite des spanischen Experten Marcos Morcillo:
https://trufflefarming.wordpress.com
Vereinigung der französischen Trüffelzüchter, Liste der Trüffelmärkte:
http://www.fft-tuber.org/
Preise auf den Trüffelmärkten in Frankreich:
https://rnm.franceagrimer.fr/prix
Trüffelmuseum in Sorges im Périgord:
http://www.ecomusee-truffe-sorges.com
Trüffelmuseum in Saint-Paul-Trois-Châteaux:
http://www.maisondelatruffe.com/
Trüffelorte in Italien: http://cittadeltartufo.com
Ahrtrüffel-Verein: https://www.ahrtrueffel.de
Deutscher Trüffelverband: http://trüffelverband.de
Deutsche Trüffelschule: http://trüffelschule.de

WICHTIGE HISTORISCHE TRÜFFELBÜCHER

(alle andere Quellen im Text und den Fußnoten)

Ceccarelli, Alfonso (1564): Opusculum de tuberibus. Padova
Geoffroy, le Jeune (1711): Observations sur la végétation des truffes. Paris
Bradley, Richard (1726): New improvements of planting and gardening. Appendix. London
Vigo, Gianbernardo (1776): Tubera terrae. Taurini
Borch, Jean Michel (1780): Lettres sur les truffes du Piémont. Mailand
Picco, Vittorio (1788): Melethemata inauguralia. Augustae Taurinorum
Fischer, V. F. S. (1814): Anleitung zur Trüffeljagd oder Trüffelsuche. Karlsruhe
Bornholz, Alexander von (1825): Der Trüffelbau. Quedlinburg
Vittadini, Carlo (1831): Monographia tuberacearum. Mailand
Tulasne, Louis-René & Charles (1851): Fungi hypogaei. Paris
Chatin, Adolphe (1869): La Truffe. Paris. (Erweiterte Ausgabe 1892)
Hesse, Rudolph (1891-1894): Die Hypogaeen Deutschlands. Halle

IMPRESSUM

DIE TRÜFFEL – FAKE & FACTS
von Christian Volbracht

HERAUSGEBER
Ralf Frenzel

ART DIRECTION UND GESTALTUNG
Tommas Bried, 3c4y Cookbook Design, Berlin/London

ABBILDUNGEN & REPRODUKTIONEN
Bibliothek Christian Volbracht: www.mykolibri.de

FOTOGRAFIE
Titel © Adobe: Trüffel hinten: luca manieri, Trüffel l.u.: hansgeel,
Trüffel u.r.: Vitalina Rybakova. Hintergrund Titel u. U4: Thorsten kleine Holthaus.
S. 121, S. 122/123: Tommas Bried, 3c4y Food Photography, Berlin/London

DIGITALE DRUCKVORSTUFE
Lorenz+Zeller GmbH, Inning a. Ammersee

Printed in Germany

ISBN: 978-3-96033-150-6

MIX
Papier aus verantwortungsvollen Quellen
FSC® C089473

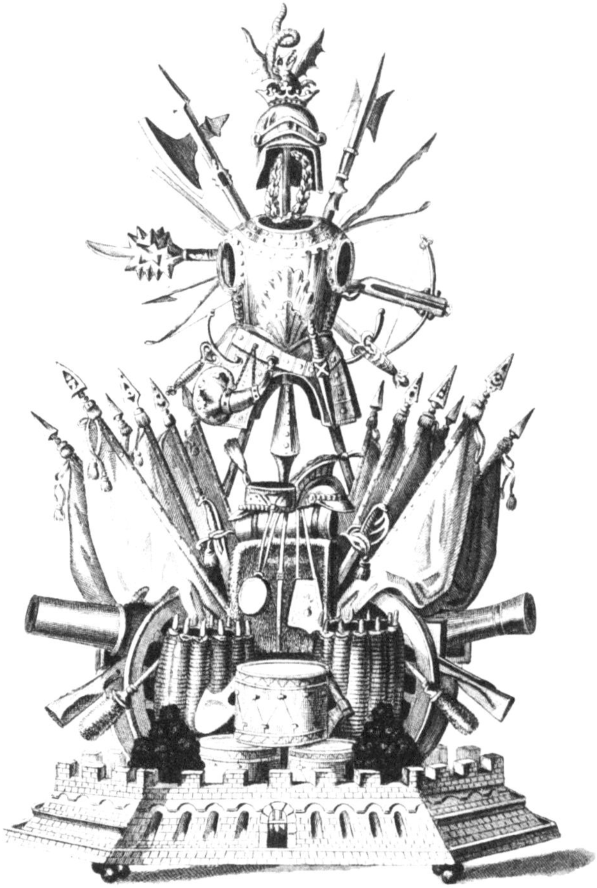